U0091888

# 職人級奶油蛋糕
# 技法全圖解

朴祇賢／著　余映萱／譯

# Contents

## PREPARATION

從零開始學職人級奶油蛋糕

# SHORT CAKE RECIPE

零基礎也學得會職人級奶油蛋糕

**01**

草莓鮮奶油蛋糕

42

**02**

新鮮芒果蛋糕

50

**03**

草莓千層薄餅蛋糕

63

**04**

清爽萊姆蛋糕

77

**05**

濃醇香乳酪蛋糕

89

**06**

粉色春日蛋糕

100

**07**

法式栗子蛋糕

114

**08**

融化香蕉蛋糕

126

**09**

榛果金莎巧克力蛋糕

141

**10**

鬆脆巧克力蛋糕

151

**11**

艾草糖酥蛋糕

**12**

黃豆糖酥蛋糕

**13**

韓式芝麻年糕蛋糕

# 從零開始學
職人級奶油蛋糕

# PREPARATION

# 01
# 了解基本工具與材料

**❶ 手持攪拌機**

我喜歡使用對手腕沒有負擔的輕盈手持攪拌機，且沒有左右手之分的品牌，可以快速操作。使用攪拌機時，要儘量減少攪拌頭與容器之間的摩擦，才不會刮傷容器。攪拌機配速以五段為主，低速檔為1~2段，中速檔為3~4段，高速檔為5段。

**❷ 直角烤盤**

我使用長38cm、寬28cm、高5cm的直角烤盤。

**❸ 蛋糕轉盤**

用於裁切蛋糕體、塗抹奶油與糖霜時，蛋糕轉盤有標示中心點，方便蛋糕放在正中間。另外，推薦使用鋁合金的蛋糕轉盤，旋轉起來較順暢且耐用，下方搭配橡膠底座，操作時更加穩固。

**④ 圓形烤模**

本書的蛋糕烤盤都是使用直徑18cm、高7cm的圓形烤模。若追求有效率的烘焙，可以使用高度較高的烤模，適合烘烤各式大小的蛋糕。圓形烤模分別有「一體式」與能跟底部拆開的「分離式」，而分離式方便分離冷硬蛋糕體，也方便烘烤起司蛋糕。

**⑤ 不鏽鋼攪拌盆**

攪拌蛋黃主要使用小且深的U型攪拌盆，而混合麵粉與攪拌過的蛋黃，則建議使用普通大小的攪拌盆。

**⑥ 不鏽鋼烤盤**

可以用來放小工具，也可以在奶油、糖漬水果製作完畢，需要分開放涼時使用。

**⑦ 擠花嘴**

本書使用的擠花嘴型號可在介紹該蛋糕的頁數查看。擠花嘴使用完畢後，需要清除卡在空隙中的雜質，洗淨後要去除水氣並晾乾後再使用。

**❽ 把手篩網／濾網**

附有掛耳設計的篩網，方便支撐於烤模或鍋子上。篩網尺寸有大有小，準備使用度較高的一般尺寸即可。

**❾ 矽膠刮刀**

可以平均混合烤模或鍋子側邊跟底部的材料。刮刀有各種大小，建議使用耐高溫的材質會比較好。混合奶油類時，建議使用柔軟有彈性的刮刀，混合麵糰或凝乳時，建議使用質地較堅硬的刮刀。

**❿ 紅外線溫度計**

可以輕鬆確認溫度，是製作烘焙會常常使用的工具，但有一個限制，就是只能偵測表面溫度。如果有泡沫覆蓋或是要知道內部材料溫度時，可以改用電子溫度計（探針式溫度計）測量為佳。

**⓫ 蛋糕抹刀**

用於抹平奶油蛋糕上的糖霜。本書使用8吋蛋糕抹刀，若使用太長尺寸，會因為無法施力於蛋糕抹刀尾端而難以操作。

**⓬ 分片角棒**

按照分片角棒高度,可以裁切自己想要的蛋糕厚度。在製作奶油蛋糕時,主要使用0.5cm、1cm、1.5cm的分片角棒。

**⓭ 烘焙紙**

本書在烘烤蛋糕捲時,會按照直角烤盤大小剪裁烘焙紙使用。烘焙紙使用完畢,也可以洗淨擦乾,能夠重複使用,例如:可以鋪平於鐵盤,烘烤黃豆粉餅乾或艾草餅乾。

**⓮ 蛋糕╱麵包刀**

用於整條蛋糕切片時,通常使用長度較長的50cm蛋糕╱麵包刀。

**⓯ 食品包裝紙**

使用38x50cm大小,具有輕薄且不沾黏特性,可用於包裝蛋糕捲。

**⑯ 圓形烤模烘焙紙**

雖然可以使用一般食品烘焙紙，但在製作成品時，可以直接按照圓形烤模大小，裁剪成1、2、3號尺寸會更加方便。圓形烤模烘焙紙可以大於烤模讓其圍繞於圓形烤模側面，直接製作成品，也可以使用烤模烘焙紙，透過剪裁來符合烤模尺寸。另外，揉好的麵糰中油亮光滑部分，也可以使用圓形烤模烘焙紙包起來，再放到烤模當中。

（＊譯註：1號尺寸為直徑15cm；2號尺寸為18cm；3號尺寸為21cm。）

**⑰ 蛋糕圍邊（PET塑膠圍邊）**

用於維持蛋糕形狀，可以圍繞在圓形蛋糕側面，或是固定「德式蛋糕」外型時。

**⑱ 長條蛋糕圍邊**

用於圍繞長條蛋糕側面時。

**⑲ 椰子模**

用於塊狀蛋糕底面，要鋪墊圓形錫箔紙時。

**材料**

**❶ 低筋麵粉**

通常會使用低筋麵粉來製作糕點。低筋麵粉的蛋白質含量低、形成麩質的能力微弱，筋性較低，能使口感較柔軟，非常適合用來製作蛋糕。使用低筋麵粉等粉類食材時，請務必過篩後再使用。

**❷ 雞蛋**

雞蛋是掌握麵團風味的關鍵，建議使用新鮮雞蛋。以60g雞蛋來說，其中10g是蛋殼、20g是蛋黃、30g則是蛋白。此外，雞蛋具有遇熱凝固的「熱凝固性」、幫助食材攪拌均勻的「乳化作用」，以及形成氣泡的「起泡性」等。

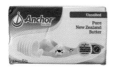

**❸ 奶油**

以牛奶的脂肪凝固而製成。本書使用的是脂肪含量81%以上的無鹽奶油。此外，奶油成分中含有「乳酸菌」者，為發酵奶油，發酵奶油擁有特有的濃郁香氣，適合用來製作奶油含量高的烘焙糕點。至於要製作像傑諾瓦士蛋糕（海綿蛋糕）這種奶油含量不高的糕點時，建議使用未經發酵的一般天然奶油。

**❹ 鮮奶油**

本書使用牛奶脂肪含量38%以上的動物性鮮奶油。在攪拌鮮奶油時會產生脂肪摩擦、導致口感變粗糙，所以建議要維持在10°C的低溫，也不要過度攪拌。若鮮奶油快過期了，就將鮮奶油製作成焦糖來延長保存期限吧！

### ❺ 果泥

將水果加入少量的糖製成糊狀的果泥。一年四季皆擁有同樣的風味。平常可以放進冰箱冷凍保存。本書主要使用果泥來混合鮮奶油、增添鮮奶油的風味。

### ❻ 蜂蜜

蜂蜜擁有豐富的口感和營養價值。甜度比一般砂糖多1.5倍，而且蜂蜜擁有保水功能，食用起來口感濕潤、也容易烤出深棕色色澤。當蜂蜜放置於低溫約13℃以下時，會容易產生結晶。在烘焙之前，可以先將結晶蜂蜜以40℃左右的溫水隔水加熱還原成液體後再使用。

### ❼ 馬斯科瓦多糖（Muscovado sugar）

是一種未經精製的蔗糖。比起白砂糖的質地更加濕潤黏膩、糖味層次也更加豐富。馬斯科瓦多糖又分成「黑糖」和「淡味糖」。黑糖的風味層次較為豐富，但使用起來容易結塊；淡味糖較不容易結塊、使用起來很方便，但風味的層次較不豐富。

### ❽ 玉米粉

玉米粉可以增加蛋糕鬆軟口感。製作卡士達時，也可以增添黏稠度和濕潤感。

### ❾ 奶油乳酪

以牛奶發酵製成質地滑順的生乳酪,味道微鹹、微酸。由於質地滑順,適合用來製作各種料理。使用奶油乳酪時,建議可以先攪拌過,再放進微波爐微波至柔軟的狀態。保存時,先充分密封後,再放進冰箱冷凍。在我們的店裡主要使用「法國頂級Kiri奶油乳酪」來製作糕點。

### ❿ 馬斯卡彭起司

將鮮奶油的脂肪發酵後製成的起司。脂肪含量特別豐富。跟奶油乳酪不同的地方在於,奶油乳酪擁有鹹甜風味,馬斯卡彭起司則相對擁有較濃郁的脂肪香氣。馬斯卡彭起司主要用來製作提拉米蘇奶油,但也可以少量添加在「抹面奶油」裡使用。不適合放在高溫的環境,建議要維持冷藏溫度。在我們店裡主要使用「EMBORG牌」的產品。

### ⓫ 杏仁粉

將杏仁磨成粉狀製成的產品。可以添加在麵糊裡增添風味和濕潤的口感。脂肪含量高,若沒有妥善冷藏,可能會產生堅果類特有的油耗味,因此,務必要密封後放進冷凍保存。推薦各位使用零添加物的100%純杏仁粉,購買之前可以先確認製造日期和是否有加工過。在我們店裡主要使用「加利福尼亞杏仁粉」,但據說西班牙產的杏仁粉是最頂級的。

### ⓬ 黑芝麻粉、黑芝麻醬

將黑芝麻磨成粉狀的「黑芝麻粉」和製作成醬的「黑芝麻醬」,在市面上很容易購買到,芝麻醬買回家後可能會發現有油物分層現象,建議要攪拌均勻後再使用。芝麻粉建議先炒過後再使用。也可以將芝麻放進食物攪拌機裡攪拌製成黑芝麻粉,但要注意不要攪拌到出油。想製作出質地更加柔順的芝麻醬時,建議添加芝麻油進去攪拌。

**⓭ 黃豆粉**

市售的黃豆粉種類眾多。建議先炒過之後再使用，才能散發出完整的黃豆香氣。此外，建議購買零添加的100%純黃豆粉，才能品嚐到豆香及不死甜的味道。

**⓮ 南瓜粉**

將南瓜加工製成的100%純南瓜粉。南瓜粉容易吸收濕氣、導致發霉，建議要排除空氣並充分密封後再放進冰箱冷藏或冷凍。

**⓯ 抹茶粉**

抹茶粉裡小球藻的含量越高，就越能保有鮮豔的綠色。購買抹茶粉之前，建議要先確認其中的小球藻含量。抹茶蛋糕的色澤很美，很適合放在店面展示櫃裡展示保存。在我們店裡使用的是含有30%天然小球藻的抹茶粉。

**⓰ 焙茶粉**

焙茶粉是將茶葉翻炒過後製成的。翻炒茶葉可以減少茶葉的苦澀感，增添茶葉香氣。因為焙茶粉的製作過程有加熱，所以會呈現褐色。

**❶ 艾草粉**

艾草香氣濃厚，在麵糊或奶油裡只要加入少量艾草，就能增添明顯的香氣。艾草粉顆粒較粗容易結塊，即使過篩也可能無法順利過篩。因此，建議跟其他粉類食材充分攪拌混合後再使用。

**❽ 可可粉**

將可可豆壓縮分解出可可脂後，再將可可豆磨成粉末，雖然有過濾出脂肪，但仍有少量脂肪殘留。因此，加入麵糊中攪拌時，要迅速攪拌，以避免麵糊凹陷。

**❾ 明膠（吉利丁）**

明膠是凝固劑中唯一含有卡路里的材料，也是在製作慕斯蛋糕或果凍時主要使用的材料。種類大致上分為明膠粉和明膠。本書的食譜皆使用明膠粉。在使用明膠粉時，要加入明膠粉量的5-6倍的水量來混合。在25～30℃溫度下開始凝膠化，在高溫下長時間加熱反而會降低凝固力，使用時請多留意。

**❷ 開心果糊**

開心果糊是將開心果拌炒過、研磨而成的產品。製作完成便可以直接使用。智利產的開心果糊在加工時不會事先將開心果炒過，色澤明亮但香氣較不濃郁。西西里產的開心果糊在加工時則會先將開心果炒過，色澤較暗但香氣濃郁。我們店裡製作蛋糕時主要使用西西里產的開心果糊。

**㉑ 即溶咖啡粉**

即溶咖啡粉的製作過程經過多道程序，才能產生細緻的顆粒，能快速溶解在冷水或麵糊裡。而一般市面上販售的咖啡粉，顆粒較粗，難以在非熱水的環境下溶解，因此本書的食譜不建議使用一般咖啡粉，請使用即溶咖啡粉。

**㉒ 調溫巧克力**

調溫巧克力是指「可可脂含量超過30%以上的巧克力」。我們主要使用Felchlin巧克力來烘焙，但也可以使用本書食譜中提到的其他品牌、其他種類的調溫巧克力（黑巧克力、牛奶巧克力、白巧克力）來替代。

**㉓ 香草莢**

使用時將香草莢切半，用刀背將香草籽刮出，用清水將剩下的香草莢清洗乾淨，將水瀝乾後，再將香草莢和砂糖一起磨碎，製作成「香草莢砂糖」來使用。香草的香氣滲透到砂糖裡，很適合用來製作餅乾麵糊等糕點。在保存時要充分密封後放進冰箱冷藏、以免乾掉。

**㉔ 海藻糖**

海藻糖擁有卓越的保水性、甜度低，用海藻糖來取代部分的砂糖時，可以使蛋糕維持更長久的濕潤度。

02

# 準備烘焙烤模

在烘烤蛋糕前，請先在乾淨的烤模上鋪好烘焙紙，注意烘培紙接觸麵糊的一面為光滑面。因為麵團一旦完成就要立刻倒進烤模，才不會破壞麵團狀態。最近都能直接買到裁剪成烤模尺寸的圓形烘焙紙，這樣就能省去親自裁剪的繁雜步驟。如果沒有剪好的烘焙紙，請自行剪出適合烤模尺寸的烘焙紙來用。

**1.**
先準備好圓形烤模，以及符合烤模直徑、周長和高度的烘焙紙。

**tip.** 本書使用市面上販售的適合1號、2號、3號圓形烤模烘焙紙。（見p.12）

**2.**
將符合烤模直徑、周長和高度的烘焙紙鋪在烤模內側。注意烘焙紙的光滑面為接觸麵糊的那一面。

**tip.** 本書使用的圓形烤模高度為7公分，請剪出高6公分的烘焙紙或是使用市售烘焙紙。

**3.**
接著，放進符合烤模直徑的烘焙紙。

**tip.** 如果一開始就把圓形烘焙紙固定在烤模底部，倒入麵糊時，麵糊可能會流到側面烘焙紙的外面。這樣烤完的蛋糕體形狀會不漂亮，所以如照片所示，圓形的烘焙紙不要碰到烤模底部，請卡在烤模中間、表面微皺，這樣才能避免麵糊倒進來的時候外流。

# 03

# 奶油種類和打發程度

奶油蛋糕的奶油共分成「夾餡奶油」、「抹面奶油」和「裝飾奶油」三大部分。
通常不同用途的奶油，打發程度也不一樣，但甜點店的工作繁忙，所以我們選擇
了80%特性相符的奶油來製作大部分的蛋糕。在全面使用濃度相同的奶油來製作
蛋糕的情況下，重點在於要隨時注意奶油的溫度。製作蛋糕的速度較慢時，可以
先將「抹面奶油」的部分冷藏保存（2號圓形蛋糕的標準是200g），或者隔著冰
水來製作

**夾餡奶油**　是指蛋糕一層一層之間填入的奶油。蛋糕烤好之後，夾餡奶油可
以讓蛋糕變得濕潤。通常會添加各種口味的卡士達、果泥、起司
或粉末，打造出與抹面奶油截然不同的風味。

**抹面奶油**　覆蓋整個蛋糕體的奶油，能讓蛋糕不會過於乾硬、維持在濕潤的
狀態。通常會添加各種口味的食用色素、果泥或粉末，也可以使
用其他工具來做裝飾。

**裝飾奶油**　在覆蓋蛋糕體的抹面奶油上方，作為裝飾用途的裝飾奶油。
可以用各種花嘴擠花和透過工具，在平整的蛋糕表面上做裝飾。

裝飾奶油

抹面奶油

夾餡奶油

打發鮮奶油時，不要從一開始就用力打發，最好能隨時確認鮮奶油的狀態再逐步打發。鮮奶油會因摩擦而變硬，所以只要有一部分是肉眼能看得出來已經被打發了，就能使用已打發和未打發的兩種濃度。

通常會把鮮奶油打發濃度設定在8分發，如果濃度太稀，抹面時就會很難固定角度，反之，若濃度太稠，就要趁鮮奶油變硬之前完成抹面，得要加快作業速度，因此最好能將鮮奶油的最終濃度調成如同霜淇淋的狀態。

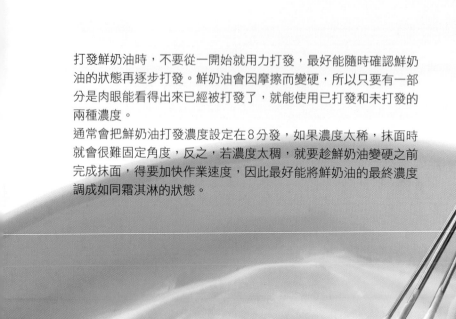

## 鮮奶油打發程度說明：

**❶ 6分發**
開始看得出攪拌器劃過痕跡的流動狀。

**❷ 7分發**
拿起攪拌器時，蛋白霜的角會拉得很長，就像市售優格一樣。

**❸ 8分發（此時狀態最佳）**
蛋白霜表面出現光澤，拿起攪拌器時，會出現一個定型的長長的角，這狀態能夠裝入擠花袋，像軟綿綿的霜淇淋一樣。

**❹ 9分發**
蛋白霜呈現塊狀沒有光澤，拿起攪拌器時，蛋白霜尾端呈現「短短的角」的挺立狀態。

# 漂亮分層蛋糕體

切蛋糕體的時候要維持一定的厚度,才能呈現出鬆厚的完美口感,也才不會在抹面時歪一邊或凹凸不平。切蛋糕體時可以用左手固定蛋糕體、用右手切,但要注意,如果固定時太大力,就等於是在壓住蛋糕體的情況下,這樣切完之後的厚度就可能會比「分片條」還高。

**1.**

蛋糕體烤完後,請先不要撕掉側面和底部的烘焙紙,而是直接放在蛋糕架上冷卻後,再撕掉側面的烘焙紙,開始分層。

**2.**

設定0.5公分的高度後,將黏有烘焙紙的蛋糕體底部切掉。切下的蛋糕體底層是不會使用的。

tip. 因為要從蛋糕體上切下薄薄一層的底層,所以要讓烘焙紙附著在上面,切割才會更方便。

**3.**

接著,設定1.5公分的高度後,開始切割。可能會因蛋糕體高度不同而切成三至四片。

tip. 如果蛋糕體太矮,建議可以把兩片切成1.5公分、一片切成1公分。

**4.**

切完後剩下的最上層蛋糕體不會使用。切完後的三片依序疊在蛋糕旋轉台上作業。

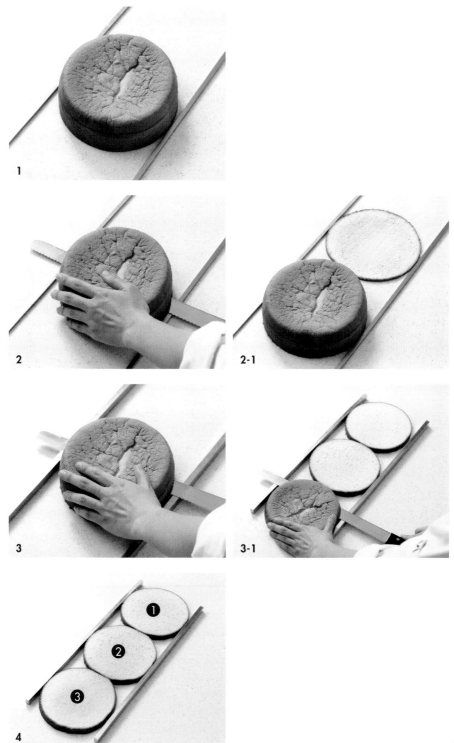

# 05
# 夾餡奶油與抹面打底的基礎

夾餡鮮奶油塗在切好的蛋糕體中間後，要刮下多餘的奶油才不會因為奶油的量過多或過少而耽誤作業速度。如果奶油的量使用過多，需要把已經塗上去的鮮奶油刮下來，製作起來會比較麻煩。但若沒有把奶油刮下來，其餘步驟需要用的奶油量就會不足。不過，鮮奶油的特點是，如果反覆塗抹又刮除，會導致奶油的質地變得粗糙，會在蛋糕體上出現明顯的紋路，看起來就不美觀。每片蛋糕體使用的夾餡奶油分量必須一致，蛋糕整體的味道才會均衡。因此，建議塗抹時只要抹上分量適當的鮮奶油即可。

**夾餡**

**1.**
把第一層蛋糕體切片放在轉台中央，再抹上糖漿。

**2.**
在蛋糕中間放上大約一顆雞蛋大小分量的鮮奶油。

**3.**
一邊旋轉轉台，一邊用抹刀把鮮奶油抹勻。

**4.**
放上水果等準備好的餡料。這時餡料如果塞滿蛋糕體中間和邊緣，就可能會露出或是無法在抹面時固定外型，所以擺放內餡時要保持些微的間距。

**5.**

接著，放上大約三顆雞蛋大
小的鮮奶油。

**tip.** 如果先決定分量再作業，
就能用完所需要的分量，不
會過剩或不足，也能縮短作
業時間。

**6.**

邊轉動轉台，邊用抹刀把鮮奶油從外往內抹，把鮮奶油充分
抹勻。

**tip.** 如果抹刀是由內（中心）往外抹，就可能會抹到已經放好
的水果，使得水果掉出去。

**7.**

如果已經蓋住水果，也把鮮
奶油抹勻了，就立起抹刀垂
直於蛋糕體，從八點鐘方向
的位置，一邊旋轉轉台，一
邊整理邊緣。

**tip.** 先把鮮奶油的邊緣修好，
下一片就不會歪掉或傾斜。

**8.**

用同樣的方式完成其他蛋糕
分層的夾餡。

**9.**

放上最後一片蛋糕體之後，
在表面抹上糖漿。

**10.**
放上大約兩顆雞蛋大小的鮮奶油。

**11.**
邊轉動轉台，邊用抹刀把鮮奶油抹勻。這時要讓鮮奶油超出蛋糕體外。

**12.**
把鮮奶油抹勻到一定程度後，讓抹刀保持在30度不動、只旋轉轉台，抹勻上層的鮮奶油。

多餘的鮮奶油

**13.**
立起抹刀垂直蛋糕體於八點鐘方向，然後一邊旋轉轉台，一邊將上層超出蛋糕體的鮮奶油抹向側邊，略加用力，有點壓住的感覺。

**14.**
將抹刀平放在轉台上，往自己的方向抽出，清理沾到轉台的鮮奶油。

tip. 請依箭頭所示方向抽取刮刀來清理沾到轉台上的鮮奶油。請一邊旋轉轉台，一邊整理全部沾到的鮮奶油。

**15.**
抹刀以45度在蛋糕體表面由外往內抹過，清理邊緣多餘的鮮奶油。

tip. 請從一點鐘的位置開始操作，邊旋轉轉台邊整理多餘的鮮奶油。

06

# 不同工具的抹面及收邊技巧

## ❶ 使用抹刀抹面

在店裡製作蛋糕的速度很重要，可以一口氣將整坨鮮奶油抹上蛋糕再開始抹面。

推薦此方法給抹面經驗豐富或需要快速將蛋糕抹面的店家。

使用此方法時，鮮奶油的濃度和作業速度是最大關鍵。

**抹面**

**1.**
將可以覆蓋整塊蛋糕的鮮奶油充分倒在蛋糕表面上。

**2.**
使用蛋糕轉台，一邊旋轉蛋糕，一邊用抹刀，將蛋糕表面的鮮奶油塗抹到厚度 一致。

**3.**
將蛋糕表面的奶油厚度塗抹均勻時,再將抹刀刀刃呈30°角,持續旋轉轉台,將蛋糕表面的奶油抹平。

**4.**
圖為奶油往外散開的模樣。用往外散開的奶油為蛋糕側面進行抹面。

**5.**
將抹刀直立垂直於蛋糕體,呈八點鐘方向,持續旋轉轉台,均勻將奶油塗抹在蛋糕側面。

5mm

**6.**
由上到下、均勻地塗抹整個蛋糕側面。

**7.**
若奶油的量不夠塗抹整個蛋糕,就利用抹刀來確認蛋糕表面的奶油厚度。蛋糕表面的奶油厚度以0.5公分為最合適,若奶油的量不夠塗抹奶油側面,很可能是因為蛋糕表面的奶油厚度大於0.5公分。

**8.**

再次轉動轉台，一邊用抹刀抹平蛋糕表面的奶油。要注意保留足夠的奶油來塗抹蛋糕側面。

**9.**

再次立起抹刀，放在八點鐘的方向，然後一邊旋轉轉台，一邊將表面超出蛋糕體的鮮奶油抹向側邊。

**10.**

拿一個乾淨的調理盆，在過程中隨時將多餘的鮮奶油挖進調理盆中。

**tip.** 要同時幫多個蛋糕抹面時，可以使用此方法。將多餘的鮮奶油收集起來，於下一個蛋糕抹面時使用。

**收邊**

多餘的鮮奶油

**11.**

使用抹刀的刀刃處，撈起多餘的鮮奶油。

**12.**

鎖定鮮奶油塗抹得較不足的地方，使用剛剛撈起鮮奶油的抹刀，將抹刀呈現直角❶，一邊旋轉轉台，一邊將抹刀往後方抽起❷，如此修整蛋糕抹面。

**13.**

再次立起抹刀,放在八點鐘
的方向,然後一邊旋轉轉
台,一邊將奶油均勻塗抹在
蛋糕側面。

**14.**

將抹刀刀刃呈現45°角,由外往內抹過,清理邊緣多餘的鮮
奶油。

**tip.** 請從一點鐘的位置開始操作,邊旋轉轉台邊整理多餘的鮮
奶油。

**15.**

將抹刀平放在轉台上,往自
己的方向抽出,藉此清理沾
到轉台的鮮奶油。

**16.**

完成抹面。

## ❷ 使用切面刀抹面

若你為烘焙新手，覺得用抹刀抹面很困難，推薦以下方法。此外，也推薦給覺得處理蛋糕側面的抹面有難度的人。

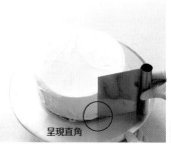

呈現直角

**1.**
將「06-❶（p.29）：使用抹刀抹面」介紹的方法，完成基本抹面的蛋糕體。

**2.**
將切面刀頂住轉台底部，一邊轉動轉台、一邊為蛋糕側面抹面。轉台和切面刀的角度要維持直角。

**3.**
將抹刀刀刃呈現45°角，由外往內抹過，清理邊緣多餘的鮮奶油。

**tip.** 請從一點鐘的位置開始操作，邊旋轉轉台邊整理多餘的鮮奶油。

**4.**
將抹刀平放在轉台上，往自己的方向抽出，藉此清理沾到轉台的鮮奶油。

## ❸ 使用蛋糕硬圍邊抹面

若是尚未熟悉抹面技巧的蛋糕店營運者或者家庭烘焙新手，我推薦這個很棒的抹面技巧。尤其是在聖誕節這種需要大量製作蛋糕的時期，此方法非常實用。以本書介紹的「草莓鮮奶油蛋糕（p.42）」為例，使用的是基本的8cm蛋糕硬圍邊。

**1.**
將「06-❶（p.29）：使用抹刀抹面」介紹的方法，完成基本抹面的蛋糕體。

**2.**
側邊圍上高度8cm的蛋糕硬圍邊。

**3.**
用手壓緊圍邊、使圍邊貼合蛋糕，確保蛋糕圍邊和奶油之間毫無縫隙（消除氣泡）。

**4.**
將抹刀放平在蛋糕轉檯上，清理沾到轉台的鮮奶油。

**5.**
擠上足以覆蓋蛋糕體表面的奶油。

**6.**
使用抹刀，將奶油從蛋糕中央往邊緣抹面。

**7.**
將抹刀放平在蛋糕轉檯上，清理沾到轉台的鮮奶油。

# 07
# 完美移動蛋糕的方法

好不容易完成的漂亮蛋糕，若在移動時出現失誤，就得進行修補。按照以下的方法
來練習看看吧！在移動蛋糕之前，要先將殘餘的奶油清乾淨，也才能將蛋糕搬動得
乾淨俐落。

抹刀刀鋒最終的
位置
↓

**1.**
盡可能將抹刀貼平蛋糕轉台，小心地將抹刀
從蛋糕側面平移到蛋糕中央。讓抹刀刀鋒的
最終位置落在蛋糕的2/3處。

**2.**
舉起抹刀。用左手輔助，跟抹刀一起舉起整
個蛋糕。

**3.**
將蛋糕放置於底盤
中央。

**4.**
把蛋糕放置於底盤中央後，先抽離左手、然
後再抽離抹刀。

**5.**
將沾到蛋糕底盤的奶油
和其他東西清除後，找
到蛋糕最漂亮的角度來
擺設。

## 08

# 蛋糕完美切片的方法

完成抹面的蛋糕後，必須要冷藏一段時間再將蛋糕切片，這樣才能切出漂亮的蛋糕。如果一完成抹面就直接將蛋糕切片，蛋糕體和奶油可能會分離、導致蛋糕倒塌，或者難以找出切蛋糕的角度。每一次切蛋糕時，要用廚房紙巾把沾到刀子上的奶油擦掉，這樣切起來才會乾淨利落。我建議用噴槍稍微噴一下麵包刀再開始作業，可以切出更漂亮的角度。

### ❶ 鮮奶油蛋糕切法

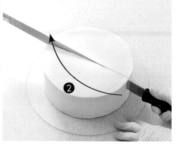

**1.**
將麵包刀放在蛋糕中央再開始切蛋糕。此時麵包刀和蛋糕之間需呈現90℃直角。

**2.**
麵包刀切進蛋糕裡面後，由外面往上方拉、由內部往下面推，以圖示的方法來切蛋糕。

**tip.** 以圖示的方法來切蛋糕，可以防止蛋糕側面沾上多餘的奶油。

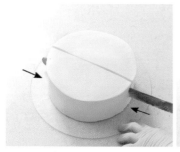

**3.**
切到蛋糕的2/3處時，將麵包刀前後拉推如鋸子般的來切割。

**4.**
抽出刀時，不要往上抽起，要往你自己的方向抽出。

**5.**
使用同樣的方法將整個蛋糕切片。

36

## ❷ 甘納許蛋糕切法

**1.**
先用噴槍烤熱一下麵包刀。

**2.**
將麵包刀垂直擺放、固定位置
後，讓麵包刀暫時停留一下，
使甘納許融化。

**3.**
用麵包刀切開表層的甘納
許，然後如同拉鋸子那般，
前後輕推一下麵包刀，如此
切開整塊蛋糕。

**4.**
用同樣的方法將整個蛋糕切塊。

## ❸ 內餡含有年糕或麻糬的蛋糕切法

**1.**
用噴槍烤熱一下麵包刀。

**2.**
將麵包刀垂直擺放、固定位置後，讓麵包刀暫時停留一下，然後如同輕輕拉鋸子那般、由上往下切。切到有年糕或麻糬的部分時，先暫停一下。

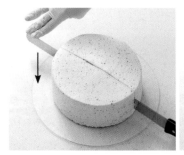

**3.**
用手頂住刀尖，由上往下將年糕和蛋糕體切開。

**4.**
用同樣的方法將整個蛋糕切片。雖然已經將年糕切開，但年糕或麻糬之間具有黏性，在移動切片蛋糕時，先用剪刀將切片蛋糕側面黏住的年糕或麻糬再次剪開後再移動。

09

# 切片蛋糕包裝法

美麗的蛋糕也要精緻地包裝，才能漂亮地被陳列出來。另外搭配蛋糕的高度，在蛋糕側面包上透明圍邊，不僅看起來更為乾淨俐落，也可以避免蛋糕體乾掉。

**1.**
使用小型的L型抹刀（曲柄抹刀）將切好的蛋糕取出。

**2.**
將蛋糕圍邊貼合在蛋糕尖尖的部分。

**3.**
蛋糕圍邊貼合完的收尾處要落在蛋糕側面。貼合圍邊和奶油，讓蛋糕固定住。

**4.**
圍起蛋糕圍邊時，注意不要讓圍邊浮起、出現空隙。

**5.**
切片蛋糕尖尖的部分要剛好貼合蛋糕底紙的邊緣處。

**6.**
將蛋糕底紙往蛋糕兩側折起來，即完成。

# 零基礎也學得會
# 職人級奶油蛋糕

# SHORT CAKE
# RECIPE

## 01

# 草莓鮮奶油蛋糕

STRAWBERRY FRESH CREAM CAKE

每一家蛋糕店都可以看到草莓鮮奶油蛋糕，
不論男女老少都愛吃！
我的蛋糕店所販售的草莓鮮奶油蛋糕風格，
是我十分喜歡的基本款蛋糕類型。
來上烘焙課的學員，原本期待這款蛋糕會有
些獨門配方，當他們發現這款蛋糕的食譜與
做法其實很簡單時，大家都嚇了一跳。
這款蛋糕固然常見，但基本功得要夠深厚才
能做出美味的口感，「草莓鮮奶油蛋糕」可
說是我在店裡最費心製作的蛋糕之一。

要成功做出一個「草莓鮮奶油蛋糕」，有三個元素必須要完美呈現：

那就是「質地濕潤的海綿蛋糕」、「新鮮又美味的草莓」以及「口感清爽且柔順的鮮奶油」。

在製作海綿蛋糕時需要特別費心。從隔水加熱的溫度、攪拌的次數到奶油的溫度等等，神奇的是，如果以不同的步驟和不同的材料來製作，製作出來的海綿蛋糕狀況會差異很大。只要稍微不注意，做出來的成品一定會有某些部分令人不滿意。

當製作出氣孔細膩、口感綿密的海綿蛋糕之後，抹上糖漿，放著發酵一天，吃起來的口感會更加濕潤且美味。相反地，如果做出組織鬆散的海綿蛋糕，反而會越發酵、口感越粗糙，無法入口即化。

此外，清爽的香緹鮮奶油的製作也非常關鍵。鮮奶油是由脂肪球聚集而成的，如果過度攪拌，脂肪球就會因為摩擦而導致體積變大，吃進嘴裡會覺得很油膩。因此，在攪拌鮮奶油時，只要攪拌到柔順的霜淇淋狀態即可。若攪拌過度，吃起來就會像奶油霜，整個味道會變調。若是在室內溫度高、作業速度慢的情形下製作，請用隔了冰水的攪拌盆來保存鮮奶油。

| RECIPE POINT 重點 | ◆ 製作出綿密又濕潤的海綿蛋糕 |
| --- | --- |
| | ◆ 製作出不油膩且味道清爽的鮮奶油 |

INGREDIENTS
材料

**海綿蛋糕**
雞蛋180g・砂糖90g・低筋麵粉80g・玉米粉10g・
牛奶23g・無鹽奶油17g

**糖漿**
16度波美糖漿（水和砂糖的比例是2:1的糖漿）60g・
白橙皮酒5g

**夾餡＆抹面＆裝飾奶油（香緹鮮奶油）**
鮮奶油500g・砂糖30g

**其他**
草莓・鏡面果膠・食用金箔

AMOUNT
分量

圓形蛋糕模（直徑18cm✕高7cm）一個

海綿蛋糕

**1**

**2**

**3**

**4-1**

**4-2**

**5**

夾餡＆抹面＆裝飾奶油

**6**

**7-1**

**7-2**

## RECIPE 步驟

### 海綿蛋糕

**1** 攪拌盆中打入雞蛋放入砂糖，用裝滿熱水的隔水加熱鍋，慢速加熱攪拌到攪拌盆的溫度升至37～42℃。

> **tip.** 使用隔水加熱的方式來作業，能讓砂糖的親水性變很高而得以製作出質地濕潤的海綿蛋糕。隔水加熱也能幫助使空氣進入蛋液而更容易打發。

**2** 將攪拌盆從隔水加熱鍋取下後，以攪拌機轉高速—中速—低速，持續攪拌至顏色呈現接近乳白色，麵糊滴落回攪拌盆時有明顯的痕跡。

> **tip.** 攪拌時先用高速攪拌以拌入空氣，然後再轉成中速、打發至需要的程度後，再轉至低速收尾。

**3** 將過篩的低筋麵粉、玉米粉加入攪拌盆中，攪拌到毫無粉末殘留。

> **tip.** 同時加入兩種以上的粉末時，請先將粉末攪拌均勻、過篩後再使用。當粉末顆粒大小不一，會因為碰觸到麵糊的速度不同而導致粉末結塊。在攪拌麵糊時，不要因為粉末都拌進麵糊就立刻停止攪拌，請持續攪拌到麵糊產生柔順的光澤質地。

**4** 將牛奶和奶油的溫度加熱至50℃再倒進麵糊中攪拌，奶油才不會凝固，能夠攪拌得很均勻。

> **tip.** 奶油若沉澱到底部，就很難攪拌均勻，因此請用刮刀由下往上迅速攪拌。牛奶和奶油含有脂肪，為避免消泡，迅速攪拌一下即可。

**5** 將烤模鋪入烘焙紙，再將麵糊倒入烤模中。使用刮刀的尖部，將麵糊表面氣泡整理乾淨。

**6** 烤模輕輕敲一下以去除氣泡。接著放進預熱至170℃的烤箱，以上下火烤25～27分鐘。

> **tip.** 將烤好的海綿蛋糕從烤模中取出，連同烘焙紙一起放置於冷卻架上散熱。

### 夾餡＆抹面＆裝飾奶油

**7** 將鮮奶油、砂糖放進攪拌盆中，打至八分發、呈現如同霜淇淋般的狀態。

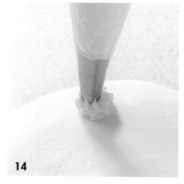

組合裝飾

**8** 將海綿蛋糕切成1.5cm厚，放在蛋糕轉台正中央，然後再塗上糖漿。（參考p.24）

　　**tip.** 將16度波美糖漿（水和砂糖的比例是2:1的糖漿）和白橙皮酒（Arôme Triple Sec）混合均勻後再使用。有在經營蛋糕店、需要大量製作蛋糕的人，我推薦使用白橙皮酒（Arôme Triple Sec），因為跟君度橙酒相比，白橙皮酒（Arôme Triple Sec）價位低一些。若沒有這類利口酒，也可以省略不放。

**9** 抹上夾餡奶油（請參考p.26～p.27）。

**10** 擺上對切的草莓。

**11** 再抹上夾餡奶油，將草莓覆蓋。

**12** 使用同一方法放上兩片海綿蛋糕，然後在最後一片蛋糕體表面抹上糖漿。

**13** 用抹面奶油進行整個蛋糕體抹面。（參考p.28～p.32）

**14** 將擠花袋套上「韓國853K裱花嘴」（台灣網路可購得），再將裝飾奶油裝進擠花袋裡，於蛋糕表面擠花。

**15** 如同連續畫數字8那般擠花。

**16** 將草莓擺在蛋糕中央、抹上鏡面果膠，最後放上點綴的食用金箔即完成。

# 新鮮芒果蛋糕

FASHION MANGO CAKE

芒果是夏天盛產的水果之一，夏天的草莓價格較貴、味道也沒那麼甜，因此在夏季很適合用芒果替代草莓來製作水果蛋糕。跟菲律賓生產的芒果相比，泰國生產的芒果更甜，而且芒果籽較薄，可使用的果肉也更多。挑選芒果是很關鍵的步驟，推薦選擇摸起來較軟、外皮均勻分佈黑斑的芒果，代表味道較甜也全熟了。（編註：台灣可使用愛文芒果，甜度較高）

如果不幸買到了尚未熟成、味道酸澀的芒果，緊急狀況下，可以將砂糖和水用1:1的比例攪拌後製作成糖水，將芒果醃過後再使用。

但如果情況沒那麼緊急，還是真心推薦使用熟成的美味芒果製作蛋糕。

在我的甜點店裡，製作一個圓形蛋糕需要使用到1.5顆芒果，其中一顆會使用在蛋糕體的內餡，另外半顆則會使用來裝飾蛋糕表層。

RECIPE POINT
重點

♦ 使用果肉柔軟的全熟芒果

♦ 百香果和芒果是完美搭配

♦ 要將抹面奶油調整到適合的濃度


INGREDIENTS
材料

**海綿蛋糕**

雞蛋180g・砂糖90g・低筋麵粉90g・
無鹽奶油25g

**夾餡奶油（芒果香緹鮮奶油）**

鮮奶油250g・砂糖20g・百香果泥20g・
芒果泥60g

**糖漿**

16度波美糖漿（水和砂糖的比例是2:1的糖漿）60g

**抹面奶油**

鮮奶油200g・砂糖38g・百香果泥26g

**其他**

芒果・百里香・鏡面果膠


AMOUNT
分量

圓形蛋糕模（直徑18cm×高7cm）一個

海綿蛋糕

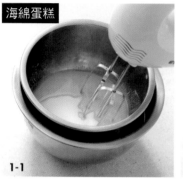

**1-1**

**1-2**

**2**

**3**

**4**

**5**

**6**

**7**

## RECIPE 步驟

### 海綿蛋糕

**1**　攪拌盆中打入雞蛋放入砂糖,用裝滿熱水的隔水加熱鍋,慢速加熱攪拌到攪拌盆的溫度升至37～42℃。

　　tip. 使用隔水加熱的方式來作業,能讓砂糖的親水性變很高而得以製作出質地濕潤的海綿蛋糕。隔水加熱也能幫助使空氣進入蛋液而更容易打發。

**2**　將攪拌盆從隔水加熱鍋取下後,以攪拌機轉高速─中速─低速,持續攪拌至顏色呈現接近白色的乳白色,麵糊滴落回攪拌盆時有明顯的痕跡為止。

　　tip. 攪拌時先用高速攪拌以拌入空氣,然後再轉成中速、打發至需要的程度後,再轉至低速收尾。

**3**　將過篩的低筋麵粉加入攪拌盆中,攪拌到麵糊呈現柔順光澤。

**4**　將加熱至60℃的融化奶油也加進攪拌盆中攪拌。

　　tip. 奶油若沉澱到底部,就很難攪拌均勻,因此請用刮刀由下往上迅速攪拌。

**5**　將烤模鋪上烘焙紙,再將麵糊倒入烤模中。

**6**　使用刮刀的尖部,將麵糊表面氣泡的部分整理乾淨。

**7**　將烤模往桌面輕輕敲一下以去除氣泡,放進預熱到170℃的烤箱中以上下火烤25～27分鐘。

　　tip. 將烤好的海綿蛋糕從烤模中取出,連同烘焙紙一起放置於冷卻架上散熱。

**夾餡奶油**

9

10

11

**抹面奶油**

12

13-1

13-2

**組合裝飾**

14

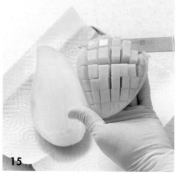

15

16

**夾餡奶油**

**9** 將鮮奶油、砂糖放進調理盆中,打發至八分發、呈現柔順的霜淇淋狀態。

**10** 將冰過的百香果泥、芒果泥加入攪拌。

tip. 百香果可以提升芒果原有的香氣,和芒果是絕佳搭配。

**11** 打發至九分發、呈現厚實挺立的狀態即可結束。

tip. 要將芒果香緹鮮奶油打發至厚實挺立的狀態,在抹面時,蛋糕側面才不會凹凸不平,可以整理得很乾淨俐落。(要比起打底的抹面奶油或夾餡奶油呈現更加厚實挺立的狀態)。如果是從冷藏狀態取出的芒果香緹鮮奶油,請於使用前再次打發至厚實挺立的狀態。

**抹面奶油**

**12** 將鮮奶油、砂糖放進調理盆中。

**13** 打發至八分發、呈現柔順的霜淇淋狀態時,再將冰過的百香果泥加入攪拌,持續打發至九分發、呈現厚實挺立的狀態即可結束。

tip. 請先將鮮奶油和砂糖打發後再加入果泥。把果泥加入奶油時,看起來奶油會變得厚實,但靜置一下之後又會再次變軟。因此,在加入果泥前就要將鮮奶油打發得很厚實挺立,這樣進行抹面時,奶油才不會塌陷或變稀。一般用來製作抹面奶油的香緹鮮奶油,都要加入砂糖(分量為鮮奶油的10%)。但這款抹面奶油因為有百香果泥的酸味,所以要加入更多的砂糖。若砂糖的量變少,就無法做出酸甜風味,而是單純的百香果泥酸味了。

**組合裝飾**

**14** 將芒果清洗乾淨後對半剖開,用刀於果肉上畫格子。

**15** 將芒果撐開,用刀子切下果肉。(約指甲片大小)

**16** 將果肉倒在廚房紙巾上,以吸乾水分。

**17** 將海綿蛋糕切成1.5cm厚，放在轉台中央，然後再塗上16度波美糖漿。（海綿蛋糕切法參考p.24）

  *tip.* 16度波美糖漿是指水和砂糖的比例呈2:1的糖漿。

**18** 抹上夾餡奶油（請參考p.26～p.27）。

**19** 擺上芒果。

**20** 抹上可以包覆芒果的夾餡奶油。

**21** 用同樣的方法將兩片海綿蛋糕抹面後，在最後一片蛋糕體上塗抹16度波美糖漿。

**22** 用抹面奶油將整個蛋糕體抹面。（參考p.28～p.32）

**23** 將剩餘的夾餡奶油和抹面奶油攪拌出大理石紋路、製成裝飾奶油。

**24** 將擠花袋套上「法國MATFER細齒透明擠花嘴16齒（PF 16）」。裝入裝飾奶油後於蛋糕表面擠花裝飾。

**25** 擠花的直徑為3cm左右。

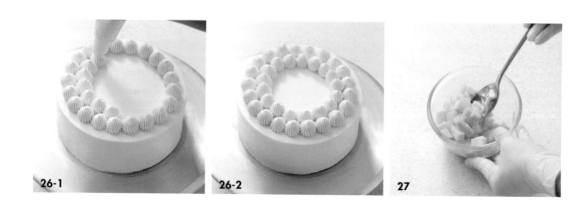

**26** 用花嘴在蛋糕表面的外圍擠上兩圈裝飾奶油。

**27** 將切好的芒果和少量的鏡面果膠混合均勻。

**28** 將芒果放置於蛋糕中央。

**29** 最後擺上百里香或其他食用香草即完成。

## 03
# 草莓千層薄餅蛋糕
CREPE CAKE

草莓千層薄餅蛋糕在我們店內是人氣NO.1的蛋糕，曾有一段時間，每天開店前就有人在門口排隊要購買這款蛋糕。

這款蛋糕要將麵糊烤好後層層疊上，是需要花費較多時間和精力來製作的精品級蛋糕，非常適合當作禮物贈送友人。

千層薄餅的麵糊要儘量做得薄一點，烤出來的口感才會很好、捲起來吃也很美味。

若想製作出Q彈口感，可以使用高筋麵粉來替代中筋麵粉。我也會另外介紹一個簡易版的食譜，大家可以多多運用。

◆　儘量將餅皮麵糊煎得薄一點

◆　製作卡士達鮮奶油醬時注意避免結塊

INGREDIENTS
材料

**千層薄餅麵糊**

中筋麵粉180g・砂糖80g・鹽巴一小撮・

雞蛋300g・無鹽奶油50g・牛奶320g・

香草精適量（少許）

**香草卡士達\***

牛奶520g・砂糖130g・香草莢1根・蛋黃120g・

低筋麵粉35g・玉米粉15g・無鹽奶油25g

**卡士達鮮奶油醬**

鮮奶油200g・馬斯卡彭起司50g・

覆盆子香甜酒（第戎覆盆子）10g・香草卡士達\*全部

**其他**

厚度1cm的海綿蛋糕一片（做法詳情參閱p.47）・

第戎市覆盆子果醬・草莓・

香緹鮮奶油（做法詳情參閱p.47）

AMOUNT
分量

直徑28cm的平底鍋一個（可分切10塊）

**製作餅皮麵糊**

**1** 　將過篩的中筋麵粉、砂糖和鹽巴放進攪拌盆中輕微攪拌。

**2** 　打入雞蛋、輕輕打發至有光澤感且沒有任何結塊的狀態。

**3** 　將加熱至50℃的融化奶油加進攪拌盆中攪拌。

　　　tip. 若奶油的溫度太低，奶油就比較難融合在麵糊中，會導致麵糊質地
　　　　　變硬或出現分離現象。

**4** 　將加熱至50℃的牛奶以及香草精倒進去攪拌。

　　　tip. 一切攪拌的程序都要留意，不要攪拌出過多的氣泡。

**5** 　將完成的麵糊放進冰箱冷藏，靜置半天到一天左右。

　　　tip. 要放進冰箱冷藏靜置，麵糊中的水分才能均勻進入麵粉分子中。

**6** 　取出冷藏的餅皮麵糊，用濾網過篩。

　　　tip. 冷藏靜置的麵糊中，較有重量的食材可能會沉澱到底部，麵粉也可
　　　　　能會結塊，因此建議用濾網過篩後再使用。

**7** 　在平底鍋裡塗抹少量的油之後，用廚房紙巾輕輕擦拭。

　　　tip. 可以塗抹食用油或奶油。如果油塗得過多，麵糊可能會產生氣泡，
　　　　　因此建議塗抹薄薄的一層即可。

**8** 　倒入一湯匙的麵糊（環繞平底鍋一圈），煎出薄薄的一層餅皮。

　　　tip. 在煎餅皮的同時，建議也用湯勺抹平一下，以便製作出厚薄及口感
　　　　　一致的餅皮。

**9** 　調整火候（中～大火）以避免燒焦，等麵糊煎到顏色改變時即可
　　　翻面，將兩面煎得酥黃。

　　　tip. 在我們店裡，都是使用直徑28cm的平底鍋來製作，成品可以切成
　　　　　10塊來販售。一開始要煎出又薄又圓的薄餅餅皮可能會有難度，
　　　　　但只要持續練習就能熟練。通常會煎20～22片的餅皮，但如果想
　　　　　讓口感更加厚實，可以減少餅皮張數、將餅皮厚度加厚。

香草卡士達醬

**10**

**11**

**12**

**13**

**14**

**15**

**16**

**17**

**18**

## 香草卡士達醬

**10** 將牛奶、一半的砂糖、香草莢及香草籽放進鍋裡，以80℃的溫度來煮。

**11** 將蛋黃、剩餘的砂糖放進攪拌盆中攪拌均勻。

**12** 將過篩的低筋麵粉、玉米粉也加進攪拌盆中，攪拌至無粉末殘留。

**13** 等步驟**10**鍋裡的溫度達80℃時，就倒進步驟**12**的攪拌盆裡，攪拌均勻。

**14** 將攪拌盆中的內容物過篩進鍋裡。

**15** 用矽膠刮刀一邊攪拌，一邊將火轉至中～大火，再次加熱。

**16** 加熱至卡士達醬呈現光澤柔順的狀態為止。

**17** 關火後，將奶油加進鍋中，一邊攪拌以降低溫度。

**18** 將卡士達醬倒進扁平的方盤等待冷卻，蓋上一層保鮮膜充分密封後，再放進冰箱裡冷藏。

卡士達鮮奶油醬

**19**

**20**

組合裝飾

**21**

**22**

**23**

**24**

**25**

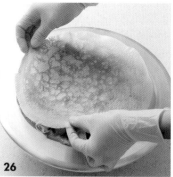

**26**

**27**

### 卡士達鮮奶油醬

**19** 將鮮奶油、馬斯卡彭起司、覆盆子香甜酒加進攪拌盆中，打至九分發，呈現厚實挺立的狀態。

**20** 和步驟**18**的卡士達醬混合均勻，「卡士達鮮奶油醬」完成！

　　**tip.** 將「卡士達鮮奶油醬」攪拌出大理石紋路即可收尾。之後在餅皮上塗抹奶油時也可能會再攪拌一下，不需要一開始就攪拌得太均勻。若攪拌得太均勻、卡士達鮮奶油醬變得太稀，在蛋糕切片時，蛋糕體可能變得過度鬆軟而坍塌。

### 組合裝飾

**21** 將一片厚度1cm的海綿蛋糕放置於蛋糕轉台中央，做為蛋糕底。

　　**tip.** 為方便移動和包裝蛋糕，在蛋糕體底部一定要放置一片海綿蛋糕。

**22** 抹上「卡士達鮮奶油醬」。

**23** 接著，放上一片薄餅餅皮。

**24** 抹上「卡士達鮮奶油醬」。

**25** 將草莓切成薄片，鋪在餅皮上。

　　**tip.** 草莓的部分，建議使用水分較少的夏季草莓。若草莓汁很豐盛，餅皮就會快速吸收水分，導致風味不佳。切草莓的時候，下方可墊廚房紙巾，方便吸水。

**26** 再放一片薄餅餅皮。

**27** 抹上「卡士達鮮奶油醬」之後，擠上覆盆子果醬。

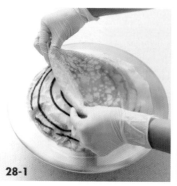

28-1

28-2

28-3

29

30-1

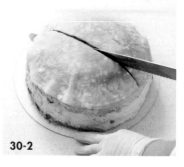

30-2

31-1

31-2

31-3

**28** 重複**23** 〜 **27**的步驟，然後放上最後一片餅皮。

**29** 用抹刀將蛋糕體側面沾到的「卡士達鮮奶油醬」整理乾淨。

**30** 在切片時，要將刀子前後推移來切片。

**31** 將蛋糕切片後，使用小型的L型抹刀放進蛋糕底部、將蛋糕取出，一邊用手穩住蛋糕以免坍塌。

tip. 可在切片蛋糕上用香緹鮮奶油（裝飾奶油做法參考p.46）和草莓做裝飾。

# 草莓千層薄餅蛋糕的簡易版食譜

　　前面所介紹的是原版千層蛋糕的做法，使用20～22片薄餅餅皮，搭配細切的草莓、卡士達鮮奶油醬和第戎市覆盆子果醬，層層堆疊出綿密的蛋糕風味以及獨特的口感。這種蛋糕非常需要投入許多時間和工夫，很難每天都在蛋糕店裡販售。

　　因此，我研發了一份製作起來比較不費工，味道和原版的千層蛋糕不太一樣的簡易千層蛋糕食譜。搭配厚切的草莓和香緹鮮奶油，製作出獨特的口感，吃起來清爽無負擔。最重要的是，只要依循這份食譜、將步驟4～10重複五次，即可快速製作出千層蛋糕。

**1.**
在蛋糕轉台正中央放上一片切成1cm 或1.5cm厚的海綿蛋糕（海綿蛋糕做法參考p.46）。

**2.**
將大約一顆雞蛋分量的香緹鮮奶油，均勻塗抹至海綿蛋糕上。

**tip.** 香緹鮮奶油製作方法：將鮮奶油600g、砂糖60g、馬斯卡彭起司60g放進調理盆

**3.**
放上一片餅皮。

中，打發至呈現霜淇淋一般的濃度即可使用。

**4.**
再放上一顆雞蛋分量的香緹鮮奶油，均勻地塗抹在餅皮上。

**5.**
將草莓清洗乾淨、瀝乾水分後，把草莓厚切。

**6.**
不留縫隙地將草莓排滿。

**7.**
再將三顆雞蛋分量的香緹鮮奶油，均勻塗抹其上。

**tip.** 一邊轉動蛋糕轉台，一邊使用抹刀將奶油由外往內塗抹均勻。

**8.**
將側面塗抹上薄薄的一層香緹鮮奶油。

**9.**
將香緹鮮奶油覆蓋草莓。

**10.**
鋪上一片餅皮。

**11.**
將步驟**4**～步驟**10**重複五次左右即可收尾。

**12.**
圖為使用厚切的草莓和香緹鮮奶油製成的簡易版草莓千層薄餅蛋糕切面。

# 04
# 清爽萊姆蛋糕
## FRESH LEMON CAKE

清爽萊姆蛋糕是我們甜點店內的暢銷蛋糕之一。通常想到清爽的萊姆，都會聯想到春天或夏天，但出乎意料的是，這款蛋糕一年四季的人氣都非常旺。

在製作這個蛋糕時，最關鍵的部分一點是「不要讓人感受到萊姆的腥味」！

為避免萊姆發出如同金屬酸味一般的腥味，我們使用了萊姆奶油霜，不使用粉末食材，藉此製作出清爽不澀的萊姆味。

此外，用奶油替代粉末食材，更能夠維持蛋糕的形狀，吃起來入口即化。

清爽萊姆蛋糕也是我們店裡唯一一個使用色素來抹面的蛋糕。我本身不喜歡使用色素，若整個蛋糕的抹面奶油全都使用色素調出萊姆色，會讓我心理壓力很大。但如果我只使用香緹鮮奶油來抹面，又顯得過於單調且難以呈現出萊姆的清香。

於是我最後決定一小部分使用黃色色素，製作出雙層色調的抹面奶油。

　　◆　用乳酪奶油消除萊姆的苦澀味。

　　◆　抹面時使用兩種色調抹面，以凸顯萊姆的清爽感。

INGREDIENTS
材料

**海綿蛋糕**
雞蛋180g・砂糖90g・低筋麵粉80g・玉米粉10g・
牛奶23g・無鹽奶油17g

**萊姆奶油霜** *
萊姆汁60g・萊姆皮屑5g・無鹽奶油35g・
雞蛋80g・蛋黃10g・砂糖70g

**夾餡奶油（乳酪奶油）**
奶油乳酪80g・砂糖20g・鮮奶油180g・
萊姆汁5g・萊姆奶油*全部分量

**糖漿**
16度波美糖漿（水和砂糖的比例是2:1的糖漿）60g・
萊姆汁20g

**抹面＆裝飾奶油**
鮮奶油300g・砂糖30g・
萊姆利口酒（Dijon Limoncello Citronelli）5g・
黃色食用色素 適量
其他乾燥萊姆片2片

AMOUNT
分量

圓形蛋糕模（直徑18cm×高7cm）一個

海綿蛋糕體

1

2

3

4-1

4-2

5

6

萊姆奶油霜

7

8

## RECIPE 步驟

### 海綿蛋糕體

1　攪拌盆中打入雞蛋放入砂糖，用裝滿熱水的隔水加熱鍋，慢速加熱攪拌到攪拌盆的溫度升至37～42℃。

2　將攪拌盆從隔水加熱鍋取下後，以攪拌機轉高速—中速—低速，持續攪拌至顏色呈現接近乳白色，麵糊滴落回攪拌盆時有明顯的痕跡為止。

　　tip. 攪拌時先用高速攪拌以拌入空氣，然後再轉成中速、打發至需要的程度後，再轉至低速收尾。

3　將過篩的低筋麵粉、玉米粉加入攪拌盆中，攪拌到毫無粉末殘留。

4　將牛奶和奶油的溫度加熱至50℃再倒進麵糊中攪拌，奶油才不會凝固，攪拌得很均勻。

　　tip. 奶油若沉澱到底部，就很難攪拌均勻，因此請用刮刀由下往上迅速攪拌。牛奶和奶油含有脂肪，為避免產生氣泡，只要稍微攪拌一下即可。

5　將烤模鋪上烘焙紙，再將麵糊倒入烤模中。使用刮刀的尖部，將麵糊表面氣泡的部分整理乾淨。

6　將烤模往桌面輕輕敲一下以去除氣泡。放進預熱到170℃的烤箱中，以上下火烤25～27分鐘。

　　tip. 將烤好的海綿蛋糕連同烘焙紙一起放置於冷卻架上散熱。

### 萊姆奶油霜

7　將萊姆汁、萊姆皮屑、奶油放進鍋裡，加熱至80℃。

　　tip. 為避免鍋中的內容物燒焦，請在加熱的同時，用刮刀的尖部持續攪拌（鍋底、鍋子邊緣）。

8　將雞蛋、蛋黃和砂糖加進攪拌盆中攪拌。

9

10

11

12

夾餡奶油

13

14

15

16

17

**9** 將步驟**7**鍋中的內容物，倒進步驟**8**的攪拌盆中持續攪拌（但留意不要讓蛋變熟）。

**10** 將步驟**9**的內容物過篩入鍋中。

**11** 用中火持續加熱，直到鍋中內容物水分蒸發、變得濃稠。

**12** 將完成的萊姆奶油霜裝進碗裡，用保鮮膜密封後放進冰箱冷藏以迅速降溫。

    *tip.* 若沒有低溫保存，萊姆奶油霜容易壞掉，請多加留意。

### 夾餡奶油

**13** 將冰過的奶油乳酪和砂糖放進攪拌盆中輕輕攪拌。

    *tip.* 為避免乳酪的酸味過於強烈，在此使用的是Kiri牌的奶油乳酪。Kiri奶油乳酪可以跟其他粉末食材融合得很協調。在保存乳酪時，要將乳酪密封完整，乳酪表層才不會乾掉、口感也不會變調。

**14** 將砂糖攪拌均勻，直到呈現柔順的狀態時，即可將鮮奶油分三次倒入攪拌盆中攪拌。

    *tip.* 在打發乳酪和液體食材時，乳酪可能滿容易黏在攪拌盆的內壁中，要使用刮刀一邊攪拌、一邊將內壁整理乾淨。

**15** 打發至七分發（呈現優格狀態）即可。

**16** 倒入萊姆汁之後，再輕微攪拌。

**17** 打發至呈現柔順的霜淇淋狀態。

    *tip.* 如果不慎將奶油打發至過於厚實的狀態，接下來在跟萊姆奶油霜一起攪拌的過程中可能會出現分離的情況。

18

19

20-1

20-2

21

組合裝飾

22

23

24

25

**18** 　將冰過的萊姆奶油霜倒入攪拌盆中攪拌。

　　**tip.** 乳酪奶油稍微放置室溫一小段時間就會開始變軟，所以請迅速跟萊姆奶油霜一起攪拌。由於乳酪和萊姆相遇後質地會變硬，要使用刮刀來攪拌。

### 抹面&裝飾奶油

**19** 　將鮮奶油和砂糖放進攪拌盆中打發。

**20** 　打發至七分發（呈現優格狀態）時，再倒入冰過的萊姆利口酒，打至八分發（呈現霜淇淋狀態）。

**21** 　挖出一些黃色的食用色素，調色至自己想要的顏色。

　　**tip.** 在此使用的是Chefmaster「萊姆黃」液體型食用色素、容易塗抹。

### 組合裝飾

**22** 　將海綿蛋糕切成1.5cm厚，放在轉台中央，然後再塗上萊姆糖漿。（海綿蛋糕切法參考p.24）

　　**tip.** 萊姆糖漿是將16度波美糖漿（水和砂糖的比例是2:1的糖漿）和萊姆汁混合均勻後製成。

**23** 　挖出一半的夾餡奶油、塗抹均勻。

**24** 　用同樣的方法連續放上2片海綿蛋糕。放上最後一片海綿蛋糕後，塗抹上萊姆糖漿。

**25** 　用抹面奶油進行抹面。抹面完畢再來整理多餘的鮮奶油。（作法參考p.28～p.32）

**26** 將「抹面奶油」以及「混合食用色素的裝飾奶油」，挖一點點在抹刀的刀鋒。

**27** 將蛋糕底部貼平蛋糕轉台，一邊轉動轉台弄出漸層的裝飾奶油。重複步驟**26**～**27**之後再收尾。

**28** 將多餘的鮮奶油整理乾淨。

**29** 將「剩餘的抹面奶油」以及「混合色素的裝飾奶油」攪拌出大理石紋路。

**30** 將奶油裝入套上「804號韓式裱花嘴」的擠花袋中，在蛋糕表面進行擠花。

**31** 在距離蛋糕周圍2～3cm處，用花嘴擠出「圓形螺旋狀」花紋，一邊旋轉蛋糕轉台。

tip. 要盡量將花嘴貼平蛋糕來擠花，才能擠出如同圖片那般挺立的圓形奶油花。

**32** 最後放上乾燥萊姆片即完成。

## *CHEF'S NOTE*　　　　　　　　　　　　　　　　　　　萊姆皮屑

　　蛋糕店的萊姆皮屑雖然用量大，但我的堅持是，用新鮮萊姆製成的萊姆皮屑，香氣才會夠濃郁！雖然也可以購買市售現成品，但分量可能會太多，加上萊姆皮屑不容易保存，容易產生怪味、萊姆特有的香味也會消失，所以我個人不推薦購買市售現成品。尤其是要加進萊姆奶油霜裡的萊姆皮屑，一定要用新鮮萊姆製作。

　　那麼，怎麼自己製作萊姆皮屑呢？首先是將萊姆清洗乾淨，接著用剝皮器削皮後，每5g的果皮就用保鮮膜分裝成一小份，放進密封容器裡保存，需要時再拿出來使用。

　　萊姆皮屑製作完成後，可以將剩下的萊姆薄切，用乾燥機將果皮乾燥後，可以作為甜點的裝飾使用，也可以製作成蜂蜜釀萊姆。但要特別注意的是，若沒有添加防腐劑，萊姆汁很容易壞掉，所以請務必冰在冷凍庫保存。也可以放置於尺寸較小的製冰盒中冷凍，不僅方便數量計算，使用起來也很簡便。

## 05

# 濃醇香乳酪蛋糕

### PURE CHEESE CAKE

這款蛋糕擁有雪白的蛋糕體和奶油、以及一圈一圈充滿青春氣息的奶油
擠花，是許多顧客會訂製作為婚前單身派對的蛋糕。

濃醇香乳酪蛋糕的亮點是「直條狀切面」以及「蛋糕體和奶油融為一體
的口感」。雖然這款蛋糕的蛋糕體和奶油都有添加乳酪，但乳酪的味道
並不會過於厚重，而是散發出淡淡的乳酪香氣。在我們店裡使用的是
KIRI奶油乳酪，也可以按照個人喜好選擇其他種類的乳酪來搭配。

因為這款蛋糕有淡淡的乳酪香，非常適合搭配草莓、藍莓、覆盆子、櫻
桃等水果，不僅可以替換成當季水果，一年四季皆可製作出不同風情的
蛋糕來販售，還可以使用家裡吃剩的水果來製作喔！比起當日食用，推
薦在這款蛋糕製作完的隔日享用，會更加美味。

RECIPE POINT
重點

◆ 製作出口感有彈性的乳酪蛋糕體

◆ 乳酪奶油的濃度不要太濃

◆ 將裝飾奶油均衡地塗抹於蛋糕體表面

INGREDIENTS
材料

**乳酪蛋糕體**
KIRI奶油乳酪90g‧蛋黃150g‧砂糖 A 50g‧
萊姆皮屑3g‧蛋白165g‧砂糖 B 55g‧
海藻糖25g‧低筋麵粉45g‧玉米粉10g

**夾餡奶油（乳酪奶油）**
KIRI奶油乳酪140g‧馬斯卡彭起司60g‧砂糖45g‧
鮮奶油250g‧萊姆汁16g

**抹面＆裝飾奶油（乳酪奶油）**
鮮奶油300g‧砂糖30g

**其他**
1cm厚的海綿蛋糕 （請參考p.46）1片‧百里香

AMOUNT
分量

圓形蛋糕模（直徑18cm×高7cm）一個

## RECIPE 步驟

**乳酪蛋糕體**

**1**　將KIRI奶油乳酪放進攪拌盆中，用刮刀輕輕攪拌開來。

　　tip. 在製作添加乳酪的麵糊時，要記得使用狀態柔軟的乳酪，製作起來
　　　　才會輕鬆。可以將冰箱中的堅硬乳酪拿出來、放置於室溫下，或者
　　　　也可以使用隔水加熱鍋加熱後，再使用刮刀輕輕地攪拌開來。

**2**　拿出另一個攪拌盆。將蛋黃、砂糖A、萊姆皮屑放進攪拌盆中，用
　　裝滿熱水的隔水加熱鍋，慢速加熱攪拌到攪拌盆的溫度升至37～
　　42℃。

**3**　將攪拌盆從隔水加熱鍋取下後，以攪拌機轉高速，持續攪拌至顏
　　色呈現接近乳白色，麵糊滴落回攪拌盆時有明顯的痕跡為止。

**4**　將蛋白加進另一個攪拌盆中，打發至氣泡呈現「啤酒泡沫」狀時，
　　再將事先攪拌好的「砂糖B和海藻糖」分成三次加進攪拌盆中進行
　　打發。

**5**　打發到綿密厚實的狀態即可。

**6**　將步驟**3**加進步驟**1**的攪拌盆中，同時一邊攪拌。

**7**　將步驟**5**的1/3分量加進步驟**6**的攪拌盆中，攪拌出大理石紋路。

**8**　將過篩的低筋麵粉、玉米粉放進攪拌盆中，攪拌至毫無粉末殘留。

**9**　將步驟**5**剩餘的內容物全都加進去攪拌。

10

11

12

夾餡奶油

13

14

15

抹面＆裝飾奶油

16-1

16-2

**10** 將麵糊倒入鋪了烤盤紙的直角烤盤中。

　　tip. 倒麵糊時，只要集中倒在烤盤中央即可。

**11** 使用刮板將麵糊鋪平。

**12** 放入預熱到180℃的烤箱裡，以上下火180℃烤15分鐘。

夾餡奶油

**13** 將冰過的KIRI奶油乳酪、馬斯卡彭起司和砂糖加進攪拌盆中，用
攪拌器輕輕攪拌開來。

　　tip. 奶油乳酪必須要先冰過，這樣跟砂糖混合在一起時，乳酪才能更順
　　　利地攪拌開來。

**14** 將鮮奶油分成三次加進去打發。

　　tip. 若沒有將乳酪充分攪拌開來，就加入較稀的鮮奶油，鮮奶油當中可
　　　能會有乳酪結塊。

**15** 等到打至七分發（呈現優格狀態）時，再加入檸檬汁，持續攪拌
至質地變得柔軟。

　　tip. 加入檸檬汁時，奶油質地會變得更堅固，在塗抹於蛋糕體上時可能
　　　質地會變得更粗糙，所以在製作時，請先將質地製作得更稀一點。

抹面＆裝飾奶油

**16** 將鮮奶油、砂糖放進攪拌盆中，持續打至八分發，呈現柔順的霜
淇淋狀態。

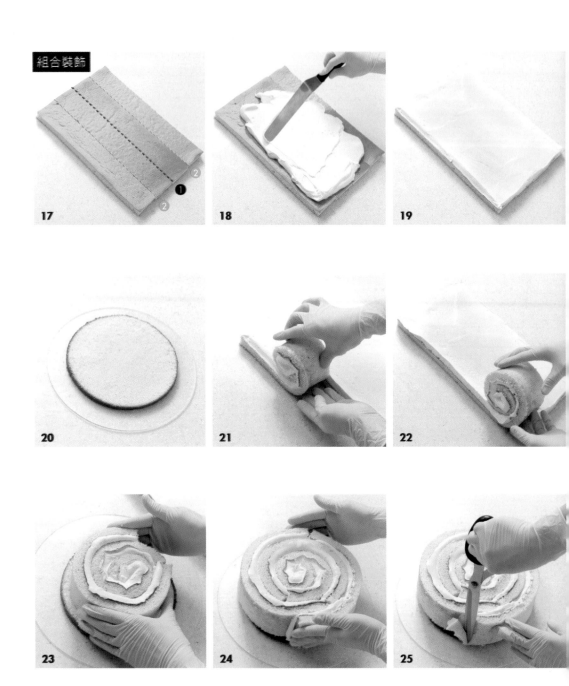

**組合裝飾**

**17** 將烤好的蛋糕體的邊緣修整乾淨，再將蛋糕體從中對切。然後再將兩片蛋糕體分成4等份。

**18** 在蛋糕體表面抹上夾餡奶油。

**19** 將奶油均勻塗抹整理成一致的厚度。

**20** 在蛋糕矽膠墊上鋪上一片切成1cm的圓形海綿蛋糕做為底座（海綿蛋糕切法參考p.24）。

**21** 捲起第一片蛋糕體。

**22** 再放到第二片的蛋糕體上，接著捲起第二片蛋糕體。

**23** 將捲起的蛋糕體放在厚度1cm的海綿蛋糕的正中央。

**24** 用第三片、第四片蛋糕體連接並捲起來。

**25** 將連接好的蛋糕體尾端厚切成一個斜面。

26-1

26-2

27

28

29

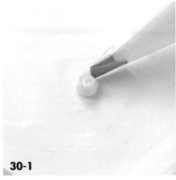

30-1

30-2

31

**26**　使用蛋糕圍邊（高度8cm）來固定、以維持蛋糕形狀。

　　　*tip.* 若使用蛋糕圍邊來固定，就很容易幫蛋糕定型、也方便進行抹面。

**27**　使用L型抹刀，將抹面奶油均勻塗抹於蛋糕體表面。

**28**　持續進行抹面。蛋糕表面只要塗上一層薄薄的奶油即可。（參考 p.28～p.32）

**29**　將剩餘的抹面奶油裝進套上「惠爾通Wilton 104號擠花嘴」的擠花袋中，擠花於蛋糕表層、進行裝飾。

　　　*tip.* 儘量將花嘴貼平於蛋糕上、穩定出力來擠花，同時一邊轉動蛋糕轉台。注意擠花時不要移動花嘴。推薦使用「惠爾通Wilton 104號花嘴」來擠花，奶油花的形狀會是最漂亮的。

**30**　從蛋糕的正中央到蛋糕邊緣，都要使用同樣的力道來擠花。

　　　*tip.* 若一口氣就裝入太多的奶油到擠花袋中，手在壓花嘴和奶油的時候距離就會變大，導致擠花起來變得困難。為方便擠花，一開始只要裝入適當分量的奶油到擠花袋中即可。就算擠花到一半奶油分量不足也無無妨。再次填充奶油，從斷掉的地方重新連結起來擠花就可以了。

**31**　放上一圈百里香即完成。

## 06

# 粉色春日蛋糕

**PINK SPRING DAY CAKE**

「粉色春日蛋糕」顧名思義就是在春季製作出來的蛋糕。我希望店內的展示櫃裡面，也能擺出風格獨特、華麗，能吸引顧客眼球的蛋糕，因此，我刻意把蛋糕切面製作成直條狀。

蛋糕外型的設計上，為了展現春天的清爽感，使用了覆盆莓和開心果調和成漂亮的粉紅色，在蛋糕展示櫃中，粉紅色、直條紋切面的蛋糕絕對能讓整個展櫃更加耀眼，特別適合用來做成紀念蛋糕。

這款蛋糕的蛋糕體，還可以用來製作成蛋糕捲，也可以作為慕斯蛋糕的內餡。是一款非常萬用的蛋糕配方。若是在製作的當天就食用，會吃到表面酥脆、內裡濕潤的口感。在製作的隔天食用時，則可以吃到濕潤的口感。

◆　用果泥混合鮮奶油，製作成漸層抹面奶油。

◆　製作出厚實的開心果蛋糕體。

INGREDIENTS
材料

**開心果蛋糕體**

蛋黃85g・砂糖 A 30g・開心果醬20g・蛋白120g・

砂糖 B 75g・低筋麵粉85g・糖粉 適量・

開心果仁碎 適量

**覆盆莓奶油***

鮮奶油170g・砂糖14g・覆盆莓泥52g・

冷凍覆盆莓6粒

**開心果奶油***

鮮奶油136g・砂糖11g・開心果醬17g

**抹面＆裝飾奶油**

鮮奶油200g・砂糖20g・覆盆莓奶油*・開心果奶油*

**其他**

厚度1cm的海綿蛋糕（請參考p.46）1片・覆盆莓・

開心果仁碎

AMOUNT
分量

圓形蛋糕模（直徑18cm×高7cm）一個

開心果蛋糕體

1

2

3

4

5

6

7

8

9

RECIPE 步驟

**開心果蛋糕體**

1 將蛋黃、砂糖A加入攪拌盆中，以攪拌機高速持續打發至顏色呈現接近乳白色，麵糊滴落回攪拌盆時有明顯的痕跡為止。

2 將開心果醬也加進去打發。
tip. 這裡使用的是經烤焙過的西西里產開心果醬。

3 拿出另一個攪拌盆，將蛋白加進去打發。

4 打發至蛋白霜氣泡呈現「啤酒泡沫」狀時，再加入1/3的砂糖B後繼續打發。
tip. 之後會用花嘴在此麵糊上擠花，所以麵糊的質地需要堅固到某種程度。請慢慢地加入砂糖，攪拌至質地變得堅固。砂糖的量若太多，會影響蛋白捕捉空氣，導致打發不順利。

5 等拿起攪拌機時，蛋白霜尾端出現「長長的角」的形狀時，就可以再將剩餘砂糖B的一半倒入打發。

6 等拿起攪拌機時，蛋白霜尾端呈現「短短的角」的挺立狀態時，再將剩餘的砂糖B全數倒入打發。

7 打發至蛋白霜呈現挺立厚實的狀態即可停止。

8 將步驟**7**的內容物倒入步驟**2**的攪拌盆中，攪拌出大理石紋路。

9 將過篩的低筋麵粉倒進去攪拌。

覆盆莓奶油

**10**　直到用刮刀挖起麵糊時，麵糊不會滴落即可停止攪拌。

　　**tip.** 攪拌太久或者蛋白霜太稀時，麵糊的質地也會變稀、膨脹程度會降低，在擠花時可能無法擠滿一整個烤盤，請多加留意。

**11**　將烤盤紙鋪在烤盤上。

**12**　將麵糊裝入套上「804號擠花嘴」的擠花袋中，從烤盤正中央沿著對角線擠滿麵糊。

　　**tip.** 若不習慣使用擠花袋，建議可以先裝一半的麵糊倒擠花袋中、分成兩次來擠。如果是烘焙新手，一口氣裝入太多的麵糊，手的力量會較難控制擠花袋、麵糊可能會溢出來。將麵糊擠成一條條的斜線，先擠滿一半的烤盤，再完成剩下一半。若從邊緣開始擠，線條很容易歪掉。

**13**　沿著對角線擠滿直條紋麵糊。

**14**　將烤盤轉個方向，將剩餘的空間也擠上麵糊。

**15**　將麵糊整體均勻撒上糖粉，等糖粉滲透進麵糊時，再重新撒一次糖粉。

　　**tip.** 第一次撒的糖粉會融進麵糊中。一分鐘後再撒上第二次糖粉，白色糖粉就能夠覆蓋麵糊了。糖粉的顆粒比砂糖細緻，在烤箱裡立刻就會融化、結晶成更酥脆的口感，同時鎖住麵糊的水分，讓麵糊內部變得更濕潤。如此一來，表層酥脆、內裡濕潤的蛋糕體就完成！

**16**　撒上搗碎的開心果後，將烤盤放進預熱190℃的烤箱中，以上下火烤190℃烤10分鐘。

　　**tip.** 若將開心果搗得太碎，很快就會在烤箱裡燒焦，建議可以用刀子直接切割。開心果是為了增添口感而加入的，也可以用其他自己喜歡的堅果替代。

**覆盆莓奶油**

**17**　將鮮奶油和砂糖加進攪拌盆中打發。

**18**　打至七分發（呈現優格狀）即可。

**19**

**20**

**21**

**22**

**23**

抹面＆裝飾奶油

**24**

組合裝飾

**25**

**26**

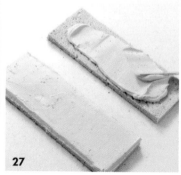

**27**

**19**　將覆盆莓醬和6顆冷凍覆盆莓加進去打發。

**tip.** 覆盆莓醬會使蛋白質凝固、讓鮮奶油的質地變硬，在抹面時可能奶油的質地會變得粗糙。所以，建議在製作抹面奶油時，要將奶油的濃度製作得比實際操作時的濃度更稀一點。相反地，做為夾餡的奶油濃度若太稀，奶油可能會溢出來。因此建議將夾餡奶油製作成堅固厚實、無光澤的質地。冷凍覆盆莓只是為了作為裝飾美觀用途，對整體蛋糕的味道並無太大影響，省略不放也無妨。

**20**　打發至狀態呈現無光澤感、厚實的冰淇淋狀即可。

### 開心果奶油

**21**　將鮮奶油和砂糖放進攪拌盆中打發。

**22**　打至七分發（呈現優格狀）即可。

**23**　加入柔順狀態的開心果醬，打發至無氣泡的厚實狀態。

**tip.** 將脂肪含量38%的鮮奶油和脂肪含量也很高的開心果醬混合時，因為脂肪含量很高，奶油的質地很容易會變得粗糙。因此，若沒有事先將開心果醬打至柔順的狀態，可能會產生過多的摩擦、導致奶油變得很油膩。若希望蛋糕顏色更美觀，可以使用「以未經烘烤的開心果製成的『BABBI開心果醬』」，或者添加wilton（惠爾通）的Moss green苔蘚綠色的食用色素，自由打造出自己喜歡的色調。

### 抹面＆裝飾奶油

**24**　將鮮奶油、砂糖放進調理盆中，打至八分發（呈現霜淇淋狀態）。

### 組合裝飾

**25**　將烤好的蛋糕體不規則的邊緣切割乾淨。

**26**　先將蛋糕體對切，再將切好的蛋糕體相疊，再次對切，即可平均的切成四等分。

**27**　將蛋糕體翻面，其中兩片塗抹上覆盆莓奶油，另外兩片則塗上開心果奶油。

**tip.** 保留兩勺的覆盆莓奶油、一勺的開心果奶油，作為裝飾奶油使用。

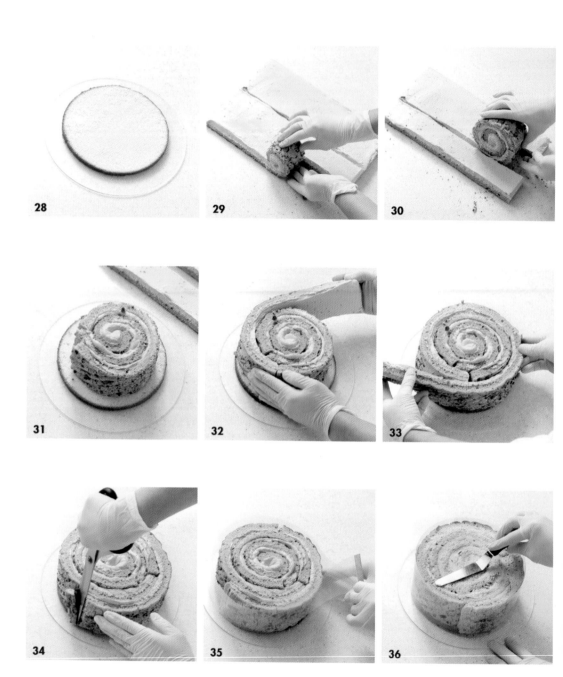

**28** 在透明壓克力板或者蛋糕底盤上放置一片厚度切成1cm的圓形海綿蛋糕（海綿蛋糕切法參考p.24）。

**29** 將步驟**27**的蛋糕條整齊排列，首先捲起塗滿覆盆莓奶油的蛋糕條。

**30** 再放到塗滿開心果奶油的蛋糕條前繼續捲起。

**31** 放置於海綿蛋糕的正中央。

**32** 續接一條塗抹覆盆莓奶油的蛋糕條接連捲起。

**33** 最後再將一條塗抹開心果奶油的蛋糕條接連捲起收尾。

**34** 捲好蛋糕條後，將蛋糕條的尾端斜切。
tip. 若尾端呈現直角、沒有斜切，抹面出來的造型會不太美觀。

**35** 將蛋糕圍上蛋糕硬圍邊（8cm），以固定、維持蛋糕形狀。

**36** 使用L型抹刀，將奶油均勻塗抹於蛋糕體表面。

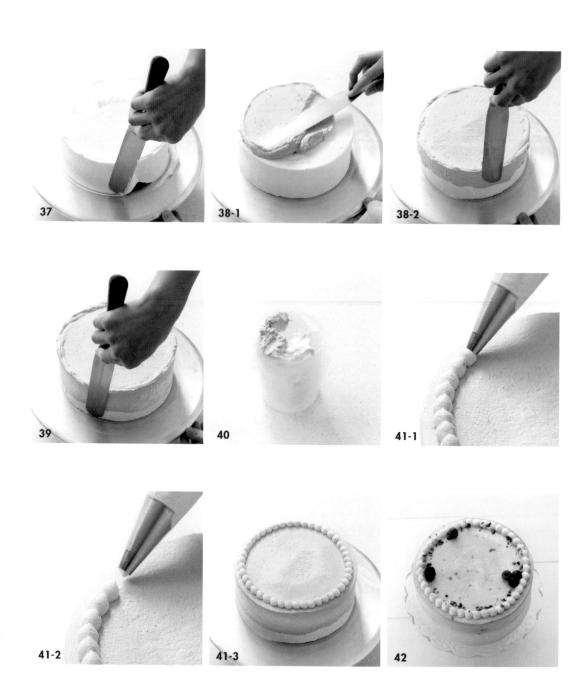

**37** 使用抹面奶油進行基本抹面打底。此時要注意的是，蛋糕上層的奶油只要塗抹薄薄的一層即可。這樣在其他步驟塗抹奶油時，才不會壓擠或與抹面奶油混合在一起（參考p.28）。

**38** 挖出兩勺覆盆莓奶油，將蛋糕表面和上半部的側面進行抹面。

**39** 將抹刀沾上一些覆盆莓奶油，一邊轉動蛋糕轉台，一邊將抹面奶油和覆盆莓奶油自然地弄出漸層狀。然後再清理掉多餘的鮮奶油。

**40** 將抹面奶油、覆盆莓奶油和開心果奶油裝進擠花袋中，套上「803號韓式裱花嘴」。

**41** 如同製作珍珠項鍊那般，擠花出可愛小巧的奶油花。

**42** 最後擺上覆盆莓和開心果仁碎作為裝飾就大功告成囉！

07

# 法式栗子蛋糕

MARRON CAKE

這款蛋糕是為了跟「Mont Blanc Petits Gateaux（蒙布朗蛋糕）」致敬而製作的。
比起口感輕盈、濕潤的蛋糕體，我更想製作出口感厚實的蛋糕體。
因此，我大膽地省略掉奶油、牛奶等水分較多的食材，使用咖啡粉打造出符合
蛋糕造型的栗子色，同時散發出淡淡的咖啡香、讓栗子泥的風味更上一層樓。

我在教授這款蛋糕烘焙課時，最常聽到學生問的問題是：

「內餡的栗子、栗子泥和栗子醬可以冷凍保存嗎？」是可以的，製作完成後，可以在冷凍庫保存一個禮拜左右。

裝飾用的栗子可以用市面上好吃的糖炒栗子來替代，但是，用砂糖醃製的罐頭黃色栗子糖分過高、不建議使用。

若要裝飾整個蛋糕，建議可以使用栗子奶油在蛋糕邊緣製作出「花環形狀」擠花。但若是要以切片形式販售，比起花環形狀的奶油花，建議可以製作成一個一個圓形的鳥巢狀擠花，更加吸睛。

♦ 不添加奶油和牛奶，製作出口感厚實的海綿蛋糕。

♦ 使用咖啡粉來襯托栗子的香味和色澤。

♦ 製作整個蛋糕時，擠花成「花環形狀」；製作切片
蛋糕時，擠花成「鳥巢狀」。

INGREDIENTS
材料

**栗子海綿蛋糕體**

即溶咖啡粉3g・水3g・栗子泥25g・雞蛋180g・
蜂蜜15g・砂糖95g・低筋麵粉65g・玉米粉25g

**裝飾奶油（栗子奶油）（以下為2倍分量）**

栗子醬180g・栗子泥30g・無鹽奶油30g・
鮮奶油50g

**糖漿**

16度波美糖漿（水和砂糖的比例是2:1的糖漿）60g

**夾餡&抹面奶油**

鮮奶油400g・砂糖32g・
栗子利口酒（Dijon Chataignes）15g

**其他**

內餡栗子8顆・裝飾用糖漬栗子8顆・鏡面果膠・
食用金箔

AMOUNT
分量

圓形蛋糕模（直徑18cm×高7cm）一個

栗子海綿蛋糕體

**1**

**2-1**

**2-2**

**3**

**4-1**

**4-2**

**5**

**6**

**7**

### 栗子海綿蛋糕體

1　將無加糖即溶咖啡粉、水、栗子泥加進攪拌盆中，均勻攪拌之後
　　再放進微波爐裡微波至溫熱的狀態。

　　tip. 這裡使用的即溶咖啡粉品牌為「巴西伊瓜蘇咖啡Cafe Iguacu」。
　　　　栗子泥則使用「沙巴東 SABATON」。若沒有栗子泥，也可以使用
　　　　栗子醬來替代。

2　拿出另一個攪拌盆。打入雞蛋、蜂蜜、砂糖放進攪拌盆中，用裝
　　滿熱水的隔水加熱鍋，慢速加熱攪拌到攪拌盆的溫度升至37～
　　42℃。

3　將攪拌盆從隔水加熱鍋取下後，以攪拌機轉高速—中速—低速打
　　發，持續攪拌至顏色呈現接近乳白色，麵糊滴落回攪拌盆時有明
　　顯的痕跡為止。

　　tip. 攪拌時先用高速攪拌以拌入空氣，然後再轉成中速、打發至需要的
　　　　程度後，再轉至低速收尾。

4　加入過篩的低筋麵粉和玉米粉，攪拌至毫無粉末殘留、麵糊出現
　　光澤為止。

5　挖出步驟4一部分的麵糊，跟步驟1的內容物混合。

6　將步驟5混合好的內容物加進步驟4的攪拌盆中，攪拌至顏色呈現
　　一致。

7　將烤模鋪上烘焙紙，再將麵糊倒入烤模中。

8

9

10

裝飾奶油

11

12

13

14

夾餡＆抹面奶油

15

16

**8** 使用刮刀的尖部,將麵糊表面氣泡的部分整理乾淨。

**9** 將烤模往桌面輕輕敲一下以去除氣泡。

**10** 放進預熱至170℃的烤箱裡,以上下火烤170℃ 30分鐘。

装飾奶油

**11** 使用攪拌棒或者食品調理機將質地柔順的栗子醬、栗子泥和無鹽
奶油攪碎。

　　tip. 剛從冰箱取出的栗子醬和栗子泥,在使用之前請先用微波爐加熱,
　　　　或者放置於室溫下以提高溫度。無鹽奶油的部分也請放置於室溫
　　　　下,等奶油變軟再使用。

**12** 將鮮奶油加進調理盆中,打至六分發。開始看得出攪拌器劃過痕
跡的流動狀即可。

　　tip. 若鮮奶油的量太少會難以打發,可以取出抹面奶油的一部分來打
　　　　發。將鮮奶油打至六、七分發,製作出容易抹面的柔軟裝飾奶油。

**13** 將步驟**11**和步驟**12**的內容物混合後均勻攪拌。

**14** 將步驟**13**的內容物倒入濾網中,底下放攪拌盆,一邊使用刮刀擠
壓、一邊過篩。

　　tip. 因為之後會使用小孔洞的「蒙布朗擠花嘴(235號或236號)」來
　　　　擠花,一定要先過篩消除結塊,以滑順的奶油來擠花。

夾餡&抹面奶油

**15** 將鮮奶油和砂糖加進攪拌盆中打發。

**16** 打至七分發(呈現優格狀態),再倒入冰過的栗子利口酒,打至
八分發(呈現柔順的霜淇淋狀態)。

　　tip. 鮮奶油一旦碰到其他液體,就比較不容易膨脹。建議將鮮奶油先打
　　　　發到某種程度,再倒入利口酒進去打發。將利口酒先冰過再倒入攪
　　　　拌盆打發,奶油狀態才能維持得比較久。

17

18

19

20

21

22

23

24-1

24-2

組合裝飾

**17** 將厚度切成1.5cm的海綿蛋糕放在蛋糕轉台的正中央，然後抹上16
度波美糖漿。（海綿蛋糕切法參考p.24）

**tip.** 16度波美糖漿是指「將水和砂糖的比例呈2:1混合製成的糖漿」。

**18** 保留一些奶油用來做蛋糕體的抹面。將一半的裝飾奶油塗抹在蛋
糕體上。

**19** 將內餡用的8顆糖漬栗子切成長寬為2cm的大小，然後將一半的分
量擺在蛋糕體上。

**tip.** 關於內餡用的糖漬栗子，第一片海綿蛋糕先放上一半的分量，第二
片海綿蛋糕再放上剩下的一半。

**20** 抹上夾餡奶油，覆蓋糖漬栗子。

**21** 用同樣的方法連續放上兩片海綿蛋糕。放上最後一片蛋糕體後，
再抹上16度波美糖漿。

**22** 用抹面奶油來進行整個蛋糕體抹面。（參考p.28～p.32）

**23** 將擠花袋套上「蒙布朗擠花嘴（235號或236號）」，裝入裝飾奶
油後開始擠花。

**24** 在蛋糕表面距離蛋糕邊緣3cm的位置，擠上3～4圈大圓形，製作
出花環的模樣。

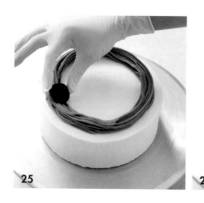

25

26

27-1

27-2

28

29

**25** 放上糖漬栗子。

**26** 若成品為一整個蛋糕，只要將糖漬栗子塗抹鏡面果膠後，再擺上食用金箔，整個蛋糕的裝飾就完成了。

（＊譯註：步驟**24**～**26**為整個蛋糕的裝飾法，步驟**27**開始則是切片蛋糕的裝飾方法。）

**27** 使用抹刀將蛋糕標示成8等分。

**28** 在每一等分上擠花約2～3個圓圈，製作成「鳥巢狀」奶油花。

**29** 將糖漬栗子放在奶油花上，再塗抹鏡面果膠，最後擺上食用金箔，切片蛋糕的裝飾就完成了。

　　**tip.** 原則上一片切片蛋糕放上一顆糖漬栗子。若糖漬栗子太大顆，可以切成一半再擺上去裝飾。

---

***CHEF'S NOTE***　　　　　　　　　　　　　**栗子醬和栗子泥的保存方式**

　　栗子醬和栗子泥皆可以冷藏或冷凍保存。栗子醬冷凍保存後，可用刀子輕鬆切開，需要的時候隨時拿出來使用即可。

　　但栗子泥就不同了，栗子泥只要結冰成塊就很難切開、使用上有難度，所以建議在保存栗子泥時，要先分裝到乾淨的塑膠袋中，將每一袋栗子泥敲平成薄薄的厚度後再冷凍保存，這樣當需要使用時切割起來才方便。若沒有先分裝，而是將一整塊結冰的栗子泥直接加熱來使用，不僅水分會全都蒸發掉，也可能因著反覆冷凍和退冰的過程，導致栗子泥變質。

---

***CHEF'S NOTE***　　　　　　　　　　　　　**栗子罐頭的保存與使用方式**

可以將市面上販售的栗子罐頭內的栗子和糖漿分開來使用。

若將栗子取出、充分密封冷凍保存的話，可以保存兩個禮拜左右。

另外，罐頭內的糖漿可以用來塗抹海綿蛋糕、取代16度波美糖漿。

08

# 融化香蕉蛋糕

MELTING BANANA CAKE

我想在自己的甜點店展示櫃中陳列各種有特色的蛋糕,所以研發了這一款蛋糕。香蕉一年四季的價格都很穩定,以蛋糕店營運者的立場來說,使用香蕉作為食材是很棒的選擇。我選用了與香蕉極為搭配的焦糖來製作這款蛋糕。

此款蛋糕體的食材水分比重高,吃起來入口即化,所以我將此款蛋糕取名為「融化香蕉」。口感鬆軟的蛋糕體與柔軟的香蕉相遇,帶來柔軟的甜蜜滋味。另外還加入了焦糖堅果,以增添香氣和酥脆的口感。

**RECIPE POINT
重點**

◆ 注意不要烤出扁塌內凹的海綿蛋糕。

◆ 製作出微甜微苦的焦糖醬。

◆ 抹面奶油要製作得夠厚實綿密。

**INGREDIENTS
材料**

**香蕉海綿蛋糕體**
香蕉100g・檸檬汁10g・ 蛋黃84g・砂糖A 40g・
鹽巴 一小撮・蛋白130g・砂糖B 70g・
低筋麵粉30g・高筋麵粉50g・泡打粉4g・
無鹽奶油25g・牛奶20g

**焦糖醬** *
砂糖145g・糖稀15g・鮮奶油140g・鹽巴1g・
無鹽奶油45g

**夾餡＆抹面＆裝飾奶油**
焦糖醬*130g・鮮奶油500g・香蕉香甜酒10g

**焦糖堅果（三倍量。如果堅果的分量太少，製作起來
很麻煩，建議可以一口氣就製作三倍的分量）**
砂糖20g・水14g・堅果30g

**其他**
香蕉1根

**AMOUNT
分量**

圓形蛋糕模（直徑18cm×高7cm）一個

香蕉海綿蛋糕體

RECIPE 步驟

**香蕉海綿蛋糕體**

**1**　將香蕉和檸檬汁放進攪拌盆中，用攪拌棒拌勻後，靜置一旁備用。

　　tip. 檸檬汁可以避免香蕉顏色變黑。如果香蕉本身味道較澀，檸檬汁也可以稍微提味。

**2**　拿出另一個攪拌盆，將蛋黃、砂糖A和鹽巴放進去打發。

**3**　以高速打發至拿起攪拌棒時，麵糊顏色呈現接近乳白色，麵糊滴落回攪拌盆時有明顯的痕跡。

**4**　拿出另一個攪拌盆，將冰過的蛋白放進去打發。

　　tip. 如果打發過的蛋白霜質地太硬或者太粗糙，可能只能製作出兩片海綿蛋糕。蛋白霜膨脹之後很快就會塌陷，所以請使用冰過的蛋白來製作。

**5**　打發至蛋白霜氣泡呈現「啤酒泡沫」狀時，再加入1/3的砂糖B進去打發。

**6**　等拿起攪拌機時，蛋白霜尾端出現「長長的角」的形狀時，就可以再將剩餘砂糖B的一半倒入打發。

**7**　等拿起攪拌機時，蛋白霜尾端呈現「短短的角」的挺立狀態時，再將剩餘的砂糖B全數倒入攪拌盆中，持續將蛋白霜打發至質地厚實的狀態。

**8**　將步驟**7**一部分的蛋白倒入步驟**3**的攪拌盆中，輕輕攪拌均勻。

**9**　將過篩的低筋麵粉、高筋麵粉和泡打粉倒進攪拌盆中攪拌。

　　tip. 泡打粉容易吸濕。若使用的是購買了一段時間的泡打粉，請先撒一些在熱水中，確認水中是否還會立即活躍的冒泡。若沒有任何反應，就算使用了也會毫無功效。

焦糖醬

**10** 充分打發至有筋性（gluten）為止。

**11** 把步驟**7**剩餘的蛋白全都倒進攪拌盆中，攪拌出現大理石紋路。

**12** 也將步驟**1**的內容物加進攪拌盆中，攪拌出大理石紋路。

**13** 將加熱至50℃的牛奶和融化的無鹽奶油加進去攪拌。

　　*tip.* 若牛奶和奶油沉澱到底部，就很難攪拌均勻。此時可以使用刮刀由
　　　　下往上快速翻攪。

**14** 將烘焙紙鋪在烤模後，倒入麵糊。

**15** 將烤模往桌面輕輕敲一下、消除氣泡之後，再將烤模放進預熱到
　　170℃的烤箱中，以上下火170℃烤40分鐘。

　　*tip.* 此蛋糕體水分很多，所以烘烤的時間需要長一點。

### 焦糖醬

**16** 將砂糖、糖稀加入鍋中，煮到出現焦糖化的深褐色為止。

　　*tip.* 如果是使用面積寬廣的大鍋子來製作，砂糖可能在焦糖化之前就會
　　　　結晶，很難好好製作出焦糖。建議可以使用小的鍋子或者把砂糖的
　　　　量增加兩倍來製作。特別提醒：此處不建議用「寡醣」來取代糖稀，
　　　　因為寡醣加熱後，增加甜味的成分會被破壞、導致甜味減少。

**17** 關火後，將加熱至80℃的鮮奶油和鹽巴分次慢慢地倒入鍋中，同
　　時持續攪拌。

　　*tip.* 若將焦糖煮得很濃郁再加入鮮奶油，就會變成苦味較重的焦糖。若
　　　　將焦糖煮得稀一點再加入鮮奶油，就會變成甜味較重的焦糖，可以
　　　　按照個人口味喜好來調整。

**18** 若出現小氣泡，就使用刮刀充分攪拌，以消除鍋中的水蒸氣。

19-1

19-2

夾餡＆抹面＆裝飾奶油

20

21

焦糖堅果

22

23

24

25

26

**19**　將鍋中內容物轉移至調理盆中，等溫度降至50℃時，再加入常溫奶油，用攪拌棒均質。

### 夾餡＆抹面＆裝飾奶油

**20**　將冰過的焦糖醬、鮮奶油和香蕉香甜酒加進調理盆中打發。

**tip.** 所有的食材都要在冰過的狀態下打發，才不會出現分離狀態。這裡使用的是在日本購買的香蕉香甜酒（Liqueur Banane）（編註：台灣可在網路平台或酒行買到香蕉香甜酒），若不喜歡酒味也可以省略香蕉香甜酒，改用攪拌棒將「焦糖醬」和「香蕉50g」攪拌後添加進去。重點是要讓抹面奶油也能散發出香蕉香味，所以不建議完全省略香蕉。若完全不添加香蕉，製作出來的味道就不會是香蕉焦糖味，而是更接近焦糖味。

**21**　打發至奶油呈現霜淇淋般的狀態即可。

### 焦糖堅果

**22**　將堅果放進已預熱到160℃的烤箱，烤出金黃褐色，然後靜置一旁備用。

**23**　將砂糖和水加進鍋中煮成焦糖。

**24**　煮到顏色差不多時，再將步驟**22**的堅果加進去攪拌。

**tip.** 我們店裡大多使用杏仁，但也可以按照個人喜好來調整，選用其他種類的堅果。在市面上販售的罐裝堅果類時，若使用的是核桃，因為核桃本身容易碎掉、焦糖會滲入縫隙中，可能會導致焦糖的量不夠用。建議可以使用杏仁或榛果等外觀無皺摺的圓形堅果。在烤堅果時，要烤到堅果內部都受熱，這樣堅果的香氣才會更加濃郁。

**25**　將鍋子取下來。快速攪拌使焦糖完全包覆堅果。

**26**　趁冷卻凝固之前，將焦糖堅果倒在烤盤紙上方。

27

28

29-1

29-2

30

31

32

33

34

**27** 放上另一片烤盤紙覆蓋焦糖堅果，然後使用擀麵棍將堅果擀平、使堅果凝固。

**28** 等堅果凝固，再將堅果敲碎成適當的大小後使用。

    **tip.** 若將焦糖堅果跟除濕乾燥包一併放進密封容器中，可以在室溫下放置一個禮拜左右。

**組合裝飾**

**29** 將厚度切成1.5cm的海綿蛋糕放在轉台正中央，然後抹上夾餡奶油。（參考p.24～26）

**30** 將香蕉的厚度切成1cm，再對切之後擺在其上。

    **tip.** 一根香蕉的分量可以分兩層使用。

**31** 保留一些奶油用來做蛋糕體抹面。將一半的裝飾奶油塗抹上去、將香蕉覆蓋。

**32** 用同樣的方法擺上兩片蛋糕體後，再放上最後一片蛋糕體。

**33** 用剩餘的奶油開始進行整個蛋糕體抹面。（參考p.28～32）

**34** 將奶油裝進擠花袋、套上「直徑2.4cm的圓形擠花嘴」，進行擠花。

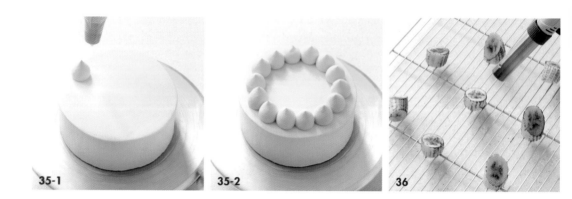

35-1

35-2

36

37

38

**35**　將擠花袋垂直舉起，在蛋糕表面擠一圈奶油花。

**36**　將裝飾用香蕉斜切，使用噴槍噴一下香蕉。

　　**tip.** 裝飾用香蕉斜切、打造出高度感，看起來會更加美味。

**37**　香蕉冷卻後，將香蕉放在蛋糕表面上裝飾。

**38**　撒上碎焦糖堅果即完成。

# 榛果金莎巧克力蛋糕

### HAZELNUT ROCHER CAKE

咖啡口味的蛋糕非常受歡迎。因此，當我苦惱要研發新款的蛋糕時，透過添加馬斯科瓦多糖（Muscovado sugar）的咖啡中獲得靈感而製作出這款蛋糕。咖啡和馬斯科瓦多糖（Muscovado sugar）是完美組合。冰在冰箱裡保存也不會變硬，與質地柔軟的甘納許搭配用牛奶巧克力與核桃碎製作的抹面，使整個蛋糕體的口感非常搭。這個蛋糕使用的麵糊量較大、蛋糕整體的高度較高，我把蛋糕體分層的厚度切成1.5cm厚，裝飾起來更為漂亮。

如果希望蛋糕的口感柔軟一點，也可以將蛋糕體分層的厚度調整為1cm，連續堆疊5～6片來製作蛋糕。堅果食材也可以用市面上販售的其他配料來替換。

◆ 注意一定要將馬斯科瓦多糖弄散後再使用（不要結塊）。

◆ 以馬斯科瓦多糖添加鮮奶油作為夾餡奶油，要製作出適當的厚度。

◆ 要留意核桃糖霜的溫度，淋在整個蛋糕上時不要有漏掉的縫隙。

**INGREDIENTS**
材料

**榛果蛋糕體**
雞蛋200g・砂糖140g・低筋麵粉130g・
即溶榛果咖啡粉6.5g・牛奶39g・無鹽奶油26g

**夾餡奶油（馬斯科瓦多糖奶油）**
馬斯科瓦多糖（黑糖）40g・鮮奶油A 100g・
鮮奶油B 200g

**糖漿**
16度波美糖漿（水和砂糖的比例是2:1的糖漿）60g・
卡魯哇咖啡利口酒5g

**核桃糖霜**
牛奶巧克力（Felchlin AMBRA 38%）100g・
鮮奶油80g・碎核桃62g

**AMOUNT**
分量

圓形蛋糕模（直徑18cm×高7cm）一個

榛果蛋糕體

**1-1**

**1-2**

**2**

**3**

**4**

**5**

**6**

**7**

**8**

## RECIPE 步驟

**榛果蛋糕體**

**1**　攪拌盆中打入雞蛋放入砂糖，用裝滿熱水的隔水加熱鍋，慢速加熱攪拌到攪拌盆的溫度升至37～42℃。

**2**　將攪拌盆從隔水加熱鍋取下後，以攪拌機轉高速—中速—低速，持續攪拌至顏色呈現接近白色的乳白色，麵糊滴落回攪拌盆時有明顯的痕跡為止。

　　tip. 攪拌時先用高速攪拌以拌入空氣，然後再轉成中速、打發至需要的程度後，再轉至低速收尾。

**3**　將過篩的低筋麵粉、即溶榛果咖啡粉加入攪拌盆中，攪拌到毫無粉末殘留。

　　tip. 攪拌到無粉末殘留的狀態後，大約再攪拌三十次左右即可。

**4**　將加熱到50℃的牛奶和融化的無鹽奶油加入攪拌盆中攪拌。

　　tip. 奶油若沉澱到底部，就很難攪拌均勻，因此請用刮刀由下往上迅速攪拌。

**5**　將烤模鋪上烘焙紙，再將麵糊倒入烤模中。

**6**　使用刮刀的尖部，將麵糊表面氣泡的部分整理乾淨。

**7**　將烤模往桌面輕輕敲一下以去除氣泡。

**8**　放進預熱到170℃的烤箱中，以上下火170℃烤30分鐘。

　　tip. 將烤好的海綿蛋糕連同烘焙紙一起放置於冷卻架上散熱。

**夾餡奶油**

9-1

9-2

10

**核桃糖霜**

11

12

13

**組合裝飾**

14

15

16

### 夾餡奶油

**9** 將馬斯科瓦多糖、鮮奶油A放進碗裡，使用攪拌棒拌勻。

tip. 馬斯科瓦多糖使用起來容易結塊，建議先將一部分的鮮奶油和馬斯科瓦多糖攪拌之後再開始製作。

**10** 將鮮奶油B和步驟**9**的內容物加進調理盆中，打發至霜淇淋狀態。

### 核桃糖霜

**11** 將牛奶巧克力、鮮奶油加進調理杯中，加熱至38℃讓巧克力融化。

**12** 使用攪拌棒乳化。

tip. 甘納許要用攪拌棒研磨來收尾，才不會出現分離狀態。

**13** 將烘焙過、搗碎的核桃加入杯中攪拌，將溫度降低至20℃～26℃。

tip. 將堅果放進預熱至160℃的烤箱中烤5～10分鐘即可。如果使用的是對流式烤箱（Convection oven），烤盤紙上的堅果顏色有可能沒有烤均勻，建議在過程中持續翻面，以確保堅果能烤出黃金色澤。烘烤堅果的原因，不僅是為了增添堅果的香氣，也是因為未經烘烤的堅果顏色很暗沉，用在蛋糕上並不美觀。在烤碎堅果時，全部熟透之前，堅果表面的色澤會先變深，建議要搭配堅果的大小、將溫度降低來烘烤。

### 組合裝飾

**14** 將厚度切成1.5cm的蛋糕體放在蛋糕轉台的正中央，然後抹上糖漿。（蛋糕切法參考p.24）

tip. 這裡使用的是將「16度波美糖漿（水和砂糖的比例是2:1的糖漿）」和「卡魯哇咖啡利口酒」混合製成的糖漿。

**15** 抹上1/3分量的夾餡奶油。保留一部分的夾餡奶油作為之後的基本抹面打底用。

tip. 此款蛋糕只會進行基本抹面，所以絕大部分的馬斯科瓦多糖奶油可以作為夾餡奶油使用。

**16** 用同樣的方法放上3片蛋糕體，在放上最後一片蛋糕體時抹上「卡魯哇咖啡利口酒糖漿」。

**17** 抹上夾餡奶油進行基本抹面打底後，將蛋糕放進冰箱冷藏。（參考p.26）

**18** 蛋糕降溫至7℃以下時，再淋上溫度20～26℃的核桃糖霜。

　　tip. 將蛋糕冰過、再淋上核桃糖霜，這樣原本抹好的夾餡奶油才不會融化，不好附著。

**19** 使用抹刀幫助核桃糖霜充分淋到蛋糕表面及側面，要一邊轉動轉台。

**20** 將淋到轉台上的核桃糖霜清理乾淨即完成。

# 鬆脆巧克力蛋糕

CRUNCHY CHOCOLATE CAKE

只要提到巧克力蛋糕，大家的腦中很容易就會浮現一樣的造型。

所以，我想製作出造型和口味與眾不同的巧克力蛋糕，於是研發了這一款蛋糕。

每間蛋糕店都有主打的巧克力蛋糕，而且巧克力蛋糕體和巧克力奶油的搭配方式大部分都一樣。

因此，我在常見的巧克力蛋糕體上加了肉桂粉以增添香氣和風味。不使用黑巧克力、而是使用有焦糖味的白色巧克力來製成脆片，加在蛋糕體中增加口感的層次。

如果連脆片都使用黑巧克力來製作，整體的口感會過於沉重，所以才改用具有焦糖甜味的巧克力來調整。將巧克力奶油製作成輕薄的鮮奶油，與口感厚實的脆片形成鮮明對比。使用黏稠的甘納許進行基本抹面，來補足巧克力的味道。

作為基底的巧克力使用的是法國法芙娜55%巧克力（Valrhona Equatoriale Noire 55%）。

這款巧克力的優點是「口味不會太苦、也不會太甜」，搭配任何產品都很適合。如果希望巧克力味道更濃一點，也可以使用其他可可液含量較高的巧克力來替代。

♦ 巧克力脆片要製作得酥脆一點，不要太軟。

♦ 巧克力奶油要保留黑巧克力原有的味道，不要太甜。

♦ 製作出質地光滑的甘納許。

**巧克力蛋糕體**

蛋黃70g・全蛋液50g・砂糖A 40g・蛋白120g・砂
糖B 65g・低筋麵粉20g・杏仁粉50g・
可可粉30g・肉桂粉1g・無鹽奶油35g・
黑巧克力（Valrhona Equatoriale Noire 55%）15g

**巧克力脆片**

白巧克力（Valrhona Dulcey 32%）30g・
杏仁果仁糖30g・
可可巴芮脆片（Paillete' Feuilletine）30g

**糖漿**

16度波美糖漿（水和砂糖的比例呈2:1的糖漿）40g・
杏仁利口酒（Dijon Amandes）6g

**夾餡奶油（巧克力奶油）**

鮮奶油A 60g・
黑巧克力（Valrhona Equatoriale Noire 55%）60g・
鮮奶油B 240g

**抹面奶油（甘納許）**

鮮奶油150g・
黑巧克力（Valrhona Equatoriale Noire 55%）120g・
杏仁果仁糖30g

圓形蛋糕模（直徑18cm×高7cm）一個

## 巧克力蛋糕體

1

2

3

4

5

6

7

## 巧克力脆片

8-1

8-2

### 巧克力蛋糕體

**1**　將蛋黃、全蛋液、砂糖A放進攪拌盆中，以高速打發至顏色呈現接近乳白色，麵糊滴落回攪拌盆時有明顯的痕跡為止。

**2**　拿出另一個攪拌盆。將蛋白、砂糖B分三次倒入其中，同時持續打發至質地呈現有光澤的挺立狀態為止。

**3**　將1/3蛋白加進步驟**1**的攪拌盆中，攪拌出大理石紋路。

**4**　將過篩的低筋麵粉、杏仁粉、可可粉和肉桂粉倒入攪拌盆中，均勻攪拌至無粉末殘留。

　　**tip.** 像肉桂粉這種粉末細緻的粉類材料，請使用電子秤來秤克數。一般的料理秤可能會無法精準秤重。肉桂的香味強烈、評價兩極，建議只加入必要的克數即可。

**5**　將步驟**2**剩餘的內容物全都倒入攪拌盆中，攪拌出大理石紋路。

**6**　將加熱至50℃的融化無鹽奶油和黑巧克力加進攪拌盆中攪拌。

　　**tip.** 奶油和巧克力冰過後，質地都會變硬，所以請先加熱過再跟麵糊攪拌均勻。

**7**　將麵糊倒入鋪了烘焙紙的烤盤中，放進預熱到170℃的烤箱中，以上下火170℃烤27～30分鐘。

### 巧克力脆片

**8**　將白巧克力（這裡使用的是「法芙娜Dulcey白巧克力」）和杏仁果仁糖加熱至接近體溫（約36～37℃）後，放進小碗中攪拌，再倒入可可巴芮脆片，用刮刀攪拌均勻。

　　**tip.** 若沒有可可巴芮脆片，也可以購買市面上不含糖的糙米麥片（類似喜瑞爾脆片）來替代。在高溫炎熱的夏日，可可巴芮脆片很容易吸收巧克力，低溫寒冷的冬天巧克力則很容易凝固，請將巧克力和杏仁果仁糖加熱後再使用。

**夾餡奶油**

9

10

11

**抹面奶油**

12

13

**組合裝飾**

14

15

16

### 夾餡奶油

**9** 將加熱至60℃的鮮奶油A、以及稍微融化的黑巧克力放進調理杯裡，用攪拌棒均質，製作出甘納許。

 **tip.** 將甘納許在40℃左右的狀態下乳化後，再讓溫度降溫至27～30℃。

**10** 拿出另一個攪拌盆。將鮮奶油B加入攪拌盆中打至八分發（呈現霜淇淋狀態）。

 **tip.** 打發好的鮮奶油溫度若太低，就無法將甘納許混合成柔順狀態，請將溫度調整到10℃左右。

**11** 將步驟**9**的甘納許倒入攪拌盆，一邊用攪拌器攪拌均勻。

 **tip.** 若打發過度，奶油會出現許多氣孔，請多加注意。

### 抹面奶油

**12** 將鮮奶油、黑巧克力放進調理杯裡，用微波爐加熱至40℃。

**13** 加入杏仁果仁糖，用攪拌棒磨碎後，將溫度調整至15～17℃ 後再使用。

### 組合裝飾

**14** 將切成1.5cm的蛋糕體放置於轉台中央，再鋪上薄薄的一層巧克力脆片。（蛋糕切法請參考p.24）

 **tip.** 巧克力脆片若放在蛋糕表層，就很難漂亮地切片。將巧克力脆片鋪在第一層的蛋糕內餡即可。

**15** 放進冰箱冷藏5分鐘，讓巧克力脆片凝固。

**16** 保留一部分的抹面奶油。等巧克力脆片凝固後，抹上一半的夾餡奶油。

**17** 再放上一片蛋糕體，然後塗抹糖漿。

tip. 糖漿是將杏仁利口酒混合16度波美糖漿（水和砂糖的比例為2:1）製成。若希望巧克力的味道更加濃郁，可以用巧克力甘納許（抹面奶油）替代糖漿塗抹，自由打造出不同的口感和甜度。

**18** 抹上剩餘的夾餡奶油。再放一片蛋糕體，然後抹上糖漿。

tip. 保留兩個刮刀份量的抹面奶油。

**19** 使用夾餡奶油來抹面。（參考p.26）

**20** 將抹面奶油（甘納許）倒在蛋糕表面。

**21** 一邊旋轉轉台，一邊使用抹刀讓抹面奶油流向側面。

**22** 接著，一邊旋轉轉台，一邊整理側面溢出的抹面奶油。

**23** 使用抹刀自然地在蛋糕表面劃出紋路。

# 艾草糖酥蛋糕

MUGWORT CRUMBS CAKE

「艾草糖酥蛋糕」是我個人最愛的蛋糕之一，每當有新客人來我們店裡，請我推薦蛋糕口味時，我都會最優先推薦這款蛋糕。

研發這款蛋糕的靈感來源在於我老公買的艾草口味蜂蜜年糕。在吃的時候，突然有做成蛋糕的想法，因此而誕生了。有鑑於艾草的味道並非人人都愛，為了使不喜歡艾草的客人也可以盡情享用，我將蛋糕的艾草味製作得很清淡。同時也為了喜歡艾草味道的客人，特別在蛋糕表面放上艾草餅乾，一口咬下可以散發出濃郁的艾草香。

我在製作蛋糕時，都會聚焦在「完整呈現食材的原味」。如果以黃豆為食材，就要完整呈現黃豆味，如果以艾草為食材，則要完整呈現艾草味。因此這款蛋糕製作了艾草蛋糕體、艾草奶油、艾草糖漿和艾草抹面奶油來製作，讓風味更加一致。

◆ 製作艾草卡士達鮮奶油醬時要攪拌均勻。

◆ 製作艾草海綿蛋糕時，注意艾草粉要充分拌勻、不要結塊。

**艾草海綿蛋糕**

全蛋液180g・蜂蜜10g・砂糖90g・低筋麵粉70g・
玉米粉10g・艾草粉10g・牛奶20g・無鹽奶油10g

**＊艾草卡士達醬**

牛奶190g・砂糖40g・蛋黃60g・低筋麵粉10g・
艾草粉10g・無鹽奶油20g

**夾餡奶油（艾草卡士達鮮奶油醬）**

馬斯卡彭起司70g・鮮奶油100g・
艾草卡士達醬＊全部

**糖漿**

16度波美糖漿（水和砂糖的比例是2:1的糖漿）80g・
艾草粉5g

**抹面奶油**

鮮奶油300g・砂糖30g・艾草粉3g

**艾草餅乾**

無鹽奶油150g・砂糖121g・鹽巴1.5g・
杏仁粉83g・低筋麵粉150g・艾草粉33g

圓形蛋糕模（直徑18cm×高7cm）一個

1-1

1-2

2

3

4

5

6

7

8

## RECIPE 步驟

### 艾草海綿蛋糕

1　將全蛋液、蜂蜜和砂糖加進攪拌盆中，用裝滿熱水的隔水加熱鍋，慢速加熱攪拌到攪拌盆的溫度升至37～42℃為止。

2　將攪拌盆從隔水加熱鍋取下後，以攪拌機轉高速—中速—低速，持續攪拌至顏色呈現接近乳白色，麵糊滴落回攪拌盆時有明顯的8字形痕跡為止。

　　tip. 攪拌時先用高速攪拌以拌入空氣，然後再轉成中速、打發至需要的程度後，再轉至低速收尾。

3　加入過篩的低筋麵粉、玉米粉和艾草粉，均勻攪拌至毫無粉末殘留才可以。

　　tip. 有些品牌的艾草粉不太容易過篩。若遇到這種狀況，可以先將低筋麵粉和玉米粉過篩後，另外混合艾草粉。攪拌到毫無粉末殘留時，請再多攪拌30次左右。

4　將加熱至50℃的牛奶和融化的無鹽奶油加進去攪拌。

　　tip. 若牛奶和奶油沉澱到底部，就很難攪拌均勻。此時可以使用刮刀由下往上快速翻攪。

5　將烤模鋪上烘焙紙，再將麵糊倒入烤模中。

6　使用刮刀的尖部，將麵糊表面氣泡的部分整理乾淨。

7　將烤模往桌面輕輕敲一下以去除氣泡。

8　放進預熱至170℃的烤箱中，以上下火170℃烤25～27分鐘。

　　tip. 將烤好的海綿蛋糕連同烘焙紙一起放置於冷卻架上散熱。要特別注意的是，艾草海綿蛋糕的麵糊打發後，也不太會膨脹。因為是艾草食材，可以烤出濃郁的綠色，不必特別添加色素。

艾草卡士達醬

## 艾草卡士達醬

9 將牛奶和一半的砂糖倒進鍋中加熱，直到砂糖融化，約80℃。

10 將蛋黃和剩餘的砂糖放進攪拌盆中均勻攪拌。

11 倒入過篩的低筋麵粉，充分攪拌至毫無粉末殘留。

12 當步驟**9**的牛奶及砂糖加熱到80℃時，再倒進步驟**11**的攪拌盆中充分攪拌。

13 將攪拌盆中的內容物過篩進鍋子裡。

14 倒入艾草粉，用攪拌器充分攪拌。

15 將火候調整至中～大火，一邊用刮刀持續攪拌，直到呈現柔軟有光澤的狀態為止。

16 關火後，再將無鹽奶油加進鍋中攪拌。

17 將無鹽奶油充分攪拌均勻後，再將完成的艾草卡士達醬倒在扁平的方盤中、密封後冰進冰箱冷藏。

**夾餡奶油**

18

19

20

21

**抹面奶油**

22

**艾草餅乾**

23

24

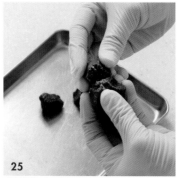

25

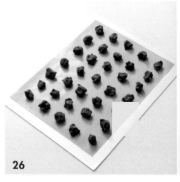

26

### 夾餡奶油

**18**　將馬斯卡彭起司和鮮奶油加進攪拌盆中打發。

**19**　打至九分發、奶油霜呈現厚實挺立的狀態即可。

**20**　將冰在冰箱冷藏的「步驟**17**」艾草卡士達醬輕輕攪拌開來。

**21**　與步驟**19**的奶油霜混合，攪拌至柔順不出水的狀態即可。

### 抹面奶油

**22**　將鮮奶油、砂糖、艾草粉加進攪拌盆中，打至八分發、蛋白霜呈現柔順的霜淇淋狀態為止。

### 艾草餅乾

**23**　將艾草餅乾食材都先冷藏過後，再放進食物攪拌機中，均勻攪拌至呈現奶酥狀。
tip. 若是用於販售、需要大量製作時，使用手持式攪拌棒比較方便。此時需要注意的是，攪拌時不要讓奶油結塊。

**24**　將食物攪拌機裡的內容物倒進攪拌盆中，捏成一個長條狀。

**25**　捏成方便食用的小塊狀。

**26**　捏好形狀後，放進預熱至170℃的烤箱中，以上下火170℃烤17～18分鐘。
tip. 若想另外販售艾草餅乾，建議要在包裝內添加除濕乾燥包來保存。

組合裝飾

27

28

29

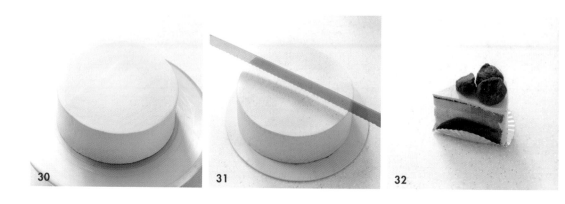

30

31

32

33

**組合裝飾**

**27** 將海綿蛋糕切成1.5cm厚，放在蛋糕轉台正中央，然後再塗上糖漿。（海綿蛋糕切法參考p.24）

tip. 糖漿是用16度波美糖漿（水和砂糖的比例是2:1的糖漿） 加上艾草粉拌勻製成的。在塗抹糖漿時，要從蛋糕體邊緣往蛋糕中央塗抹，因為蛋糕體的邊緣在烤箱內受熱最多、水分很快就會蒸發掉。

**28** 蛋糕體塗抹上一半的抹面奶油。

**29** 用同樣的方法連續放上兩片海綿蛋糕。放上最後一片蛋糕體後，再抹上糖漿。

**30** 用抹面奶油進行蛋糕體的抹面打底。（參考p.26～p.32）

tip. 若在鮮奶油裡面加入了艾草粉這類的粉類食材，抹面起來會更容易。此外，如果是將蛋糕陳列在展示櫃中、或是需要冷藏超過一天以上，蛋糕表層會變乾燥，建議要充分密封後保存。

**31** 使用麵包刀將蛋糕切成八等份。

**32** 將切片蛋糕包裝好之後，再放上艾草餅乾做裝飾。（切片蛋糕包裝法請參考p.39）

**33** 若要裝飾整個蛋糕，請從蛋糕邊緣往中間推疊艾草餅乾。

# 12

# 黃豆糖酥蛋糕
## BEAN CRUMBS CAKE

「黃豆糖酥蛋糕」對我而言意義深遠。我在經營蛋糕店之前，就想製作出一款我的獨家招牌菜單，經過無數次的測試後，終於誕生了這款蛋糕。很幸運的是，這款蛋糕大受顧客喜愛。

看起來只是隨便捏個幾塊就擺在蛋糕上的「黃豆糖酥餅乾」，竟然在社群媒體（SNS）上引發了網友的好奇心。誤以為黃豆糖酥餅乾是炸雞塊，吸引了許多網友的關注。

這款蛋糕體食材中也包含黑芝麻粉，這是為了調色而添加的，因為我希望客人可以透過米色和灰色色調感受到溫暖。

此外，黃豆卡士達醬裡面添加的白巧克力扮演著很關鍵的角色，若沒有添加白巧克力，卡士達醬的奶油味就會不夠濃郁，反而讓奶油味變得太輕薄。

黃豆糖酥餅乾的部分，為了讓人有種「隨意捏出來」的感覺，刻意不做成圓形的，自然地捏出一個形狀即可。

RECIPE POINT
重點

♦ 海綿蛋糕的色澤以「黑芝麻粉」的顏色來呈現。

♦ 添加白巧克力讓黃豆卡士達醬的口味更有層次。

♦ 黃豆糖酥餅乾的造型隨性製作即可。

INGREDIENTS
材料

**黑芝麻海綿蛋糕**

全蛋液180g・砂糖90g・低筋麵粉80g・
黑芝麻粉20g・無鹽奶油25g

**黃豆卡士達醬\***

韓國多穀茶拿鐵（韓國purmil品牌）180g・
砂糖32g・蛋黃50g・玉米粉6g・炒黃豆粉20g・
白巧克力（瑞士Felchlin巧克力35%）20g

**夾餡奶油（黃豆粉卡士達鮮奶油醬）**

馬斯卡彭起司50g・鮮奶油100g・
黃豆卡士達醬\*全部

**糖漿**

韓國多穀茶拿鐵（韓國purmil品牌）60g・
核桃利口酒（Dijon De Noix）10g

**抹面奶油（香緹鮮奶油）**

鮮奶油200g・砂糖20g・韓國多穀茶拿鐵20g

**黃豆糖酥餅乾**

無鹽奶油150g・砂糖121g・鹽巴1.5g・
杏仁粉83g・低筋麵粉150g・黃豆粉33g

AMOUNT
分量

圓形蛋糕模（直徑18cm×高7cm）一個

 **黑芝麻海綿蛋糕**

**1-1**

**1-2**

**2-1**

**2-2**

**3**

**4**

**5**

**6**

**7**

RECIPE 步驟

黑芝麻海綿蛋糕

**1** 將全蛋液、砂糖加進攪拌盆中，用裝滿熱水的隔水加熱鍋，慢速
加熱攪拌到攪拌盆的溫度升至37～42℃。

**2** 將攪拌盆從隔水加熱鍋取下後，以攪拌機轉高速─中速─低速，
持續攪拌至顏色呈現接近乳白色，麵糊滴落回攪拌盆時有明顯的
痕跡為止。
**tip.** 攪拌時先用高速攪拌以拌入空氣，然後再轉成中速、打發至需要的
程度後，再轉至低速收尾。

**3** 將過篩的低筋麵粉、黑芝麻粉加進攪拌盆中，攪拌至毫無粉末殘
留才可以。
**tip.** 攪拌至毫無粉末殘留後，請再多攪拌30次左右。

**4** 將加熱至60℃的奶油加進步驟**3**攪拌。
**tip.** 若奶油沉澱到底部，就很難攪拌均勻。此時可以使用刮刀由下往上
快速翻攪。

**5** 將烤模鋪上烘焙紙，再將麵糊倒入烤模中。使用刮刀的尖部，將
麵糊表面氣泡的部分整理乾淨。

**6** 將烤模往桌面輕輕敲一下以去除氣泡。

**7** 放進預熱至170℃的烤箱中，以上下火170℃烤27分鐘。
**tip.** 將烤好的海綿蛋糕脫模後連同烘焙紙一起放置於冷卻架上散熱。

黃豆卡士達醬

**8**

**9**

**10**

**11**

**12**

**13**

**14**

夾餡奶油

**15**

**16**

### 黃豆卡士達醬

**8** 將韓國多穀茶拿鐵以及一半的砂糖放進鍋裡煮到80℃。

**9** 將蛋黃、剩餘的砂糖加進攪拌盆中充分攪拌後,再加入玉米粉和炒過的黃豆粉進去攪拌。
tip. 請使用沒有其他添加物、100%的純黃豆粉。

**10** 等步驟**8**的鍋子溫度達80℃時,再倒進步驟**9**的攪拌盆中充分攪拌均勻。

**11** 將攪拌盆的內容物過篩至鍋中。

**12** 將火候調整至中～大火,一邊用刮刀持續攪拌,加熱到呈現柔軟有光澤的狀態為止。

**13** 關火後,再將白巧克力加進鍋中攪拌。
tip. 這款奶油很容易煮沸、也很容易焦掉,這是在蛋糕店裡最難製作的一款奶油。在煮的過程中請充分攪拌,以確保奶油不會焦掉。

**14** 等白巧克力都融化後,將卡士達醬倒進扁平的方盤,充分密封後放進冰箱裡冷藏。

### 夾餡奶油

**15** 將馬斯卡彭起司和鮮奶油加進攪拌盆中打發。

**16** 打至九分發、呈現厚實挺立的狀態即可。
tip. 若使用質地太稀的奶油做為蛋糕夾餡,奶油可能會從蛋糕體側邊溢出來。建議要將夾餡奶油打發至非常厚實的狀態。

17

18

抹面奶油

19

20

黃豆糖酥餅乾

21

22

23

24

**17** 將步驟**14**冷藏過的黃豆卡士達醬均勻攪拌開來。

**18** 將攪拌開來的黃豆卡士達醬放進步驟**16**的攪拌盆中攪拌。

   **tip.** 卡士達鮮奶油醬、黃豆卡士達醬全都需要在冰過的狀態下攪拌，才不容易變稀。盡量減少攪拌的次數、快速且精確地攪拌即可。

### 抹面奶油

**19** 將鮮奶油和砂糖放進調理盆中，打至七分發（呈現優格狀態）。

**20** 倒入冰過的韓國多穀茶拿鐵，打至八分發（呈現霜淇淋狀態）。

### 黃豆糖酥餅乾

**21** 將黃豆糖酥餅乾食材都先冷藏過後，再放進食物調理機，均勻攪拌至呈現奶酥狀。

   **tip.** 若奶油的溫度太低，會很難與麵糊融合，請將奶油加熱再攪拌。若麵糊裡有奶油結塊，烤出來的餅乾會呈現扁塌狀，請多加留意。

**22** 將食物調理機的內容物倒進攪拌盆中，捏握成長條狀。

   **tip.** 麵糊可以冷凍保存2～3個禮拜左右再使用。餅乾烤好後，跟除濕乾燥包一併放進密封容器中，可以在室溫下放置一個禮拜左右。若餅乾受潮了，只要放進預熱到170℃的烤箱烤2～3分鐘即可。

**23** 捏成方便食用的小塊狀。

**24** 捏好形狀後，放進預熱至170℃的烤箱中，以上下火170℃烤17～18分鐘。

   **tip.** 若想另外販售黃豆糖酥餅乾，建議要使用麥斯馬汀（MASTER GOURMET）奶油或法國依思尼（ISIGNY）奶油，可以增添奶油特有的風味。

25

26

27

28

29

**組合裝飾**

**25** 將海綿蛋糕切成1.5cm厚，放在轉台正中央，然後再塗上糖漿。（蛋糕切法請參考p.24）

tip. 糖漿是將韓國多穀茶拿鐵和核桃利口酒混合製成的。

**26** 在蛋糕體塗抹一半的夾餡奶油。

**27** 用同樣的方法將兩片海綿蛋糕抹面後，在最後一片蛋糕體上塗抹糖漿。

**28** 用抹面奶油進行整個蛋糕體的抹面。（參考p.26～p.32）

**29** 最後放上黃豆糖酥餅乾作為裝飾即完成。

13

# 韓式芝麻年糕蛋糕

**BLACK SESAME GLUTINOUS RICE CAKE**

這款芝麻年糕蛋糕的研發靈感，是來自於多年前我在31冰淇淋（Baskin Robbins）吃到了一款「年糕冰淇淋組合」。冷凍過的冰淇淋裡面的年糕竟然都沒有變硬，吃起來口感鬆軟還會牽絲！這實在太神奇了，讓我開始研究起韓國年糕（찹쌀떡）。以蛋糕店經營者的立場來看，蒸年糕的工作非常繁雜。經過多次的測試，我終於找到了好方法：使用微波爐來蒸年糕，即使將年糕冰在冰箱好幾天，依然可以維持柔軟的口感。

此外，我以沾滿黑芝麻粉的黑芝麻瓊團（＊譯註：瓊團경단是類似湯圓、糯米糕的韓國傳統甜品）為範本，以黑芝麻和韓國年糕（찹쌀떡）為主要食材完成了這款蛋糕。

這款蛋糕中間包了厚度較厚的年糕，為了充分發揮軟Q的口感，也把蛋糕體製作得很厚實。通常越厚實的蛋糕體，烘烤的時間會越長、也會流失許多水分，所以我在蛋糕體食材中添加了蜂蜜，以確保蛋糕體保持濕潤。

現在蛋糕店裡已經推出了黃豆糖酥蛋糕、艾草糖酥蛋糕等韓式口味蛋糕，為了搭配這款蛋糕的設計，我也用心構想造型。有別於黃豆糖酥餅乾來裝飾的其他款蛋糕，為了好好呈現黑芝麻瓊團，我是使用黑芝麻酥粒來裝飾蛋糕表層。不僅增加風味，搭配年糕的口感十分有嚼勁、香氣又濃郁，深受長輩們的喜愛。

♦ 將韓國年糕（찹쌀떡）放進微波爐微波後即可使用，既簡單又快速！

♦ 添加蜂蜜在黑芝麻海綿蛋糕裡面，即使烘烤時間長也能維持濕潤感。

♦ 蛋糕外觀設計要使人聯想到黑芝麻瓊團。

**芝麻海綿蛋糕**

全蛋液200g・蜂蜜10g・砂糖117g・黑芝麻醬34g・低筋麵粉67g・黑芝麻粉17g

**夾餡奶油（黑芝麻卡士達醬）**

牛奶170g・蛋黃34g・砂糖37g・低筋麵粉6g・玉米粉7g・黑芝麻醬15g

**韓國年糕（찹쌀떡）**

糯米粉（乾式）100g・砂糖70g・鹽巴1小撮・熱水200g・黑芝麻 適量

**糖漿**

水40g・砂糖20g

**抹面奶油（黑芝麻香緹鮮奶油）**

鮮奶油220g・砂糖19g・黑芝麻粉6g

**黑芝麻酥粒**

無鹽奶油150g・砂糖121g・鹽巴1.5g・黑芝麻粉83g・低筋麵粉150g

圓形蛋糕模（直徑18cm×高7cm）一個

黑芝麻海綿蛋糕

1-1

1-2

2-1

2-2

3

4

5

6

7

## RECIPE 步驟

**黑芝麻海綿蛋糕**

**1** 將全蛋液、蜂蜜和砂糖加進攪拌盆中，用裝滿熱水的隔水加熱鍋，慢速加熱攪拌到攪拌盆的溫度升至37～42℃為止。

**2** 將攪拌盆從隔水加熱鍋取下後，以攪拌機轉高速—中速—低速，持續攪拌至顏色呈現接近乳白色，麵糊滴落回攪拌盆時有明顯的痕跡為止。

    **tip.** 攪拌時先用高速攪拌以拌入空氣，然後再轉成中速、打發至需要的程度後，再轉至低速收尾。

**3** 將攪拌盆從隔水加熱鍋取下後，加入過篩的低筋麵粉和黑芝麻粉到攪拌盆中攪拌。

    **tip.** 攪拌至毫無粉末殘留時，再多攪拌30次左右。

**4** 以刮刀挖步驟**3**的麵糊三次的量，和柔軟狀態的黑芝麻醬混合。

    **tip.** 初步攪拌時，要準備質地柔軟、溫熱的黑芝麻醬，才能跟麵糊混合均勻。初步攪拌時，如果麵糊的量太少，跟黑芝麻醬混合時，可能會變得過度濃稠，導致之後很難跟剩下的麵糊融合。

**5** 將步驟**4**的內容物倒進步驟**3**的攪拌盆中攪拌均勻。

**6** 將烤模鋪上烘焙紙，再將麵糊倒入烤模中。

**7** 使用刮刀的尖部，將麵糊表面氣泡的部分整理乾淨。

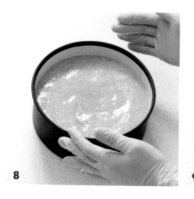

8

9

夾餡奶油

10

11

12

13

14

15

16

**8**　將烤模往桌面輕輕敲一下以去除氣泡。

**9**　放進預熱至170℃的烤箱中，以上下火烤35分鐘。

tip. 此蛋糕體高度較高，需要充分烘烤時間以確保蛋糕體有烤熟。

### 夾餡奶油

**10**　將牛奶和一半的砂糖加進鍋中攪拌後，加熱至80℃。

tip. 只要加入一半的砂糖，就能有效防止牛奶加熱時產生蛋白質薄膜。

**11**　拿出另一個攪拌盆。將蛋黃和剩餘的砂糖加進攪拌盆中輕輕拌勻。

tip. 蛋黃和砂糖一放進攪拌盆後就要立刻拌勻，才不會結塊。

**12**　將過篩的低筋麵粉和玉米粉放進攪拌盆中，輕輕攪拌至毫無粉末存留。

tip. 請不要過度攪拌。只要攪拌至看不見粉末的滑順狀態即可。

**13**　將步驟**10**的牛奶液慢慢倒入步驟**12**的攪拌盆中，同時一邊攪拌。

**14**　過篩倒入鍋中。

**15**　請用刮刀攪拌，一邊加熱，直到呈現有光澤的柔順狀態。

tip. 攪拌時請注意不要沾黏到鍋底和鍋子內壁。

**16**　關火後取下鍋子。將黑芝麻醬加入鍋中，以刮刀攪拌，使其充分混合。

tip. 市面上販售的黑芝麻醬容易沉澱到底部，請先均勻攪拌後再計算加入奶油的分量。

## 韓國年糕

17

18

19

20

21

22

## 黑芝麻酥粒

23

24

**17** 倒進扁平的方盤中，用保鮮膜密封後冰進冰箱冷藏。

### 韓國年糕

**18** 拿一個跟圓形蛋糕模直徑相同的容器。倒入糯米粉、砂糖和鹽巴，用攪拌器輕輕攪拌。

**19** 倒入熱水，用打蛋器攪拌至毫無粉末殘留。

**20** 用保鮮膜封住碗，再用尖銳的工具將保鮮膜戳出2～3個洞，然後放進微波爐中加熱3分鐘。

**21** 將黑芝麻依個人喜好的量加進碗中，持續用刮刀搓揉麵糊至出現黏性、顏色變為乳白色。

tip. 這階段搓揉的程度會左右年糕的口感。搓揉越少次，年糕延展性會較大。搓揉越多次，黏性越強。按照個人口味喜好來調整即可。蛋糕切面看得見黑芝麻、賣相會更好。

**22** 產生黏性後，用保鮮膜密封放進冰箱冷藏、將溫度降低後再使用。

tip. 年糕製作完的當天就要用完，冰起來很容易壞掉。

### 黑芝麻酥粒

**23** 將製作黑芝麻酥粒的食材全都先冰過，再全部放進食物調理機均勻攪拌成細碎的狀態。

tip. 若奶油的溫度太低，會導致麵糊不容易凝成一團，請將奶油稍加溫。若麵糊中有奶油結塊、烤出來的酥粒易變得很扁平。

**24** 倒進調理盆中、稍微拌一下，然後再放進預熱到170℃的烤箱中，以上下火170℃烤17～18分鐘。

tip. 在烤的過程中，可以將烤盤從烤箱中取出幾次，用鐵刮刀搗碎，要烤出酥脆的口感，這樣裝飾於蛋糕表層時，黑芝麻酥粒才不容易受潮。在麵糊狀態下可以冷凍保存2～3個禮拜後再拿出來製作。如果是烤好的黑芝麻酥粒，要跟除濕乾燥包一併放進密封容器中，可以在室溫下放置一個禮拜左右。若保存到後來受潮，只要再次放進預熱到170℃的烤箱中烤2～3分鐘即可使用。

## 抹面奶油

25

26

## 組合裝飾

27

28

29

30

31

32

抹面奶油

**25** 將鮮奶油和砂糖加進調理盆中，打至七分發（呈現優格狀）。

　　tip. 要將鮮奶油、砂糖，以及後續步驟會使用到的黑芝麻粉都先冰過，
　　　　這樣才不會影響鮮奶油的膨脹程度。

**26** 將冰過的黑芝麻粉加進調理盆中，打至八分發（呈現柔順的霜淇
　　淋狀）。

　　tip. 加入粉類食材時，鮮奶油的質地會變得緊密厚實，雖然比較方便抹
　　　　面，但質地也容易變得粗糙。過度攪拌時，鮮奶油會變得很油膩，
　　　　請多加留意。

組合裝飾

**27** 準備兩片厚度切成2.5cm的海綿蛋糕。（海綿蛋糕切法請參考p.24）

　　tip. 將1cm和1.5cm的分片條交疊起來切片。

**28** 在海綿蛋糕上塗抹糖漿。

　　tip. 將水和砂糖混合製成糖漿。

**29** 將夾餡奶油分量分成一半，一片塗抹上一半的夾餡奶油。

**30** 將要包在蛋糕內餡裡的年糕從容器中取出，放在海綿蛋糕上。

**31** 放上剩餘的海綿蛋糕。

**32** 用抹面奶油進行整個蛋糕體的抹面。（參考p.26～p.32）

**33** 將蛋糕切成8等分。（參考p.39）

**34** 圍上蛋糕圍邊，再包上蛋糕紙墊。

**35** 最後放上黑芝麻酥粒就大功告成囉！

**36** 若要裝飾一整個蛋糕，請先圍上高度8cm的蛋糕硬圍邊，然後擺上滿滿的黑芝麻酥粒即完成。

---

**CHEF'S NOTE**　　　　　　　　　　　　用來製作海綿蛋糕的蜂蜜

製作海綿蛋糕會使用到的蜂蜜是洋槐蜂蜜、野花蜜和養殖蜂蜜，但以營養價值來說，野花蜜是最好的。然而，蜂蜜一旦加熱，蜂蜜的營養成分就會被破壞，所以如果是需要加熱的料理，使用蜂蜜的原因是為了保存蜂蜜特有的香味、烘烤過的色澤，以及比砂糖更能保濕，而非為了營養。計算蜂蜜量時，如果跟其他食材在一起，就可能會結塊，建議分別測量。

---

**CHEF'S NOTE**　　　　　　　　　　　　黑芝麻粉與黑芝麻醬

黑芝麻粉可以使用市售的產品，不需要親自磨粉。如果想要提出更醇厚的味道，可以買已經炒過的黑芝麻，自己炒過一次後再磨。要在粉狀時繼續研磨，等溫度上升後，才會形成芝麻醬，建議不要先磨好，而是在使用之前研磨需要的分量。因為如果事先磨好之後放了太久，芝麻醬的香味就會散掉，也會腐壞，導致味道改變。然而，除非是能磨成小顆粒的研磨機，否則如果是用食物調理機研磨，成品就會比市售的芝麻醬顏色更淡。雖然顏色較淡，但黑芝麻特有的香味會比市售的產品更持久。

# ❶ 海綿蛋糕大量製作技巧

這是營運蛋糕店的人，在課堂上經常被提出的疑問。因此我在這一起解答，接下來介紹的方法，可以同時製作出三個海綿蛋糕（以本書常用的圓形蛋糕模為基準）。雖然是大量生產，但使用的食材是相同的，讀者可以自由挑選本書介紹的多種海綿蛋糕食譜中的其中一種，將食材增加到三倍來製作即可。

**1.**
將雞蛋、砂糖放入調理盆後，隔水加熱至37～42℃，溫度上升就可以開始打發。

**2.**
將攪拌機轉高速—中速—低速，持續攪拌至顏色呈現接近乳白色，麵糊滴落回攪拌盆時有明顯的痕跡為止。

**3.**
將步驟**2**的成品移到更大的調理盆中。

**4.**
放入過篩的粉類食材後，以矽膠刮刀拌勻。

tip. 如果粉類食材太多、難以攪動，建議分次倒入粉類食材。

**5.**
攪拌直到毫無粉末殘留後，
繼續攪拌至麵糊表面出現光
澤，提起刮刀時，麵糊滴落
時有明顯的痕跡為止。

**6.**
將加熱至50～60℃的液體
食材（奶油或牛奶）倒在刮
刀上持續攪拌。

**tip.** 如果對攪拌較生疏，可以
先分裝至小碗後，將液體食
材倒在小碗裡拌勻後再拌入
調理盆中。

**7.**
盡可能用最少的攪拌次數把
麵糊拌勻來收尾。

**8.**
倒入已鋪上烘焙紙的蛋糕烤
模中。

**9.**
使用刮刀的尖部，將麵糊表
面氣泡的部分整理乾淨。

**10.**
將烤模往桌面輕輕敲一下以
去除氣泡即可入烤箱烘烤。

# ❷ 擠花裝飾技巧

有些客人會在訂製蛋糕的時候，要求在蛋糕上寫下簡單的詞句。若客人要求在蛋糕上寫字，通常我會在一般蛋糕的頂層或者蛋糕底盤寫出10至15個字。寫字用的奶油通常分為奶油乳酪和甘納許兩種。

奶油乳酪是白色的，能混入其他食用色素，調出多種顏色。先將適量的奶油乳酪裝進能微波的小碗（能裝50克即可），加熱至變成美乃滋的狀態。

甘納許的作法則是，先將25克的鮮奶油和25克的黑巧克力放進碗中，加熱到40℃後，使其乳化，再降溫到20℃。我們店裡如果是要寫小字，或是要寫比較多字的時候，都是用1號圓形花嘴，其餘的都是使用2號圓形花嘴。

Tip 1.

寫字的時候，抓在靠近擠花袋入口的地方，這樣能單手控制，方便作業。如果握得太鬆，就無法施力，字會變得歪七扭八的。

### Tip 2.

對初學者來說，寫小字特別困難。以「축（慶祝）」這詞為例，不要先寫「ㅜ」，而是寫完「ㅡ」後，先寫最底下的「ㄱ」，中間再點一點，即可完成。

### Tip 3.

初學者用奶油乳酪會比用甘納許輕鬆。時間久了，甘納許會分離，也會因為溫度改變而變軟或變硬。所以我建議新手練習的時候使用奶油乳酪。只要練習幾個常用的詞句如「生日快樂」等，就能讓客人覺得蛋糕有獨特感。

### Tip 4.

如果在寫字的時候發現有想修改的地方，可以拿去冰箱裡稍微冰過後再摘除，就像甘納許凝固時可以取出一般，這樣就能維持乾淨的表面。

## 職人級蛋糕捲【技法全圖解】

★零基礎也學得會！從口味配方、烘焙技法、到組合裝飾，一次學會「蛋糕體綿密濕潤」、「奶油霜濃郁滑順」的高級感美味甜點！

作　者：朴祇賢
出版社：台灣廣廈

## 達克瓦茲【分層全圖解】

★第一本達克瓦茲（Dacquoise）專書，讓你一次就學會新手也不失敗的關鍵細節！

★從法國風靡到日本，甜點名店年賣數十萬個的法式經典甜點，自家廚房就能實現！

★甜點新寵～外脆內軟的蛋糕體＋柔滑細膩的奶油餡，一口咬下就愛上的迷人滋味！

作　者：張恩英
出版社：台灣廣廈

## 磅蛋糕【剖面全圖解】

★巧兒灶咖Ciao!Kitchen巧兒、我可是生活家娜塔、黑手甜點阿南，各界好評推薦！

★當源於英國的樸實美味甜點，遇上突破自我不設限的甜點師，激發出烘焙的無限可能，顛覆你對磅蛋糕的想像！

★從入門的不同口感蛋糕體，到進階的豐富內餡和創意分層一次學會！

作　者：張恩英
出版社：台灣廣廈

## 奶油霜抹面蛋糕

★第一本「蛋糕抹面」主題專書
★蛋糕設計師獨創的裝飾手法，首度公開！
★用一種奶油霜，變化出17款風格抹面，將蛋糕設計師的思路躍然紙上，讓不論是具備基礎，還是初次接觸的人，都能在本書中，感受「奶油霜抹面蛋糕」的無限可能。

作　者：艾霖
出版社：台灣廣廈

## 愛。司康

★奧地利寶盒，睽違兩年的「家庭烘焙」之作，50帖司康手札，應允純粹與滋味，帶你同享暖度十足，樸實且豐富的司康烘焙之樂。
★無論偏愛甜蜜潤澤，還是鹹辣辛香，抑或希望滿足無糖、無蛋、無奶的需求，《愛。司康》一書，帶給你不同以往的「司康經歷」，為你找到一個又一個，不容抗拒的，愛上司康的理由。

作　者：奧地利寶盒（傅寶玉）
出版社：台灣廣廈

## 焦糖甜點全圖鑑

★Ying C.一匙甜點舀巴黎主理人－陳穎、厭世甜點店主持人－拿拿摳、WUnique主廚－吳宗剛、Ciao!Kitchen巧兒灶咖、甜點架式主廚－Jasmine，聯合推薦！
★用手作焦糖獨一無有的風味與多變性，打造風靡歐美日韓的焦糖系甜點！
★韓國新沙洞人氣甜點店「Maman Gateau」的招牌甜點製法大公開！

作　者：皮允娅
出版社：台灣廣廈

# 台灣廣廈 國際出版集團
### Taiwan Mansion International Group

國家圖書館出版品預行編目（CIP）資料

職人級奶油蛋糕【技法全圖解】：零基礎也學得會!從蛋糕體、奶油夾餡、抹面工序到裝飾組合,分層解構做出兼具美味與視覺的高質感甜點/朴祉賢著. --初版. -- 新北市：臺灣廣廈有聲圖書有限公司, 2022.05
　面；　公分
ISBN 978-986-130-541-7(平裝)
1.CST: 點心食譜

427.16　　　　　　　　　　　　　　　　111003355

# 職人級奶油蛋糕【技法全圖解】
零基礎也學得會！從蛋糕體、奶油夾餡、抹面工序到裝飾組合，分層解構做出兼具美味與視覺的高質感甜點

| | |
|---|---|
| 作　　者／朴祉賢 | 編輯中心編輯長／張秀環 |
| 譯　　者／余映萱 | 編輯／陳宜鈴 |
| | 封面設計／林珈仔・內頁排版／菩薩蠻數位文化有限公司 |
| | 製版・印刷・裝訂／皇甫彩藝・秉成 |

行企研發中心總監／陳冠蒨　　　　線上學習中心總監／陳冠蒨
媒體公關組／陳柔彣　　　　　　　產品企製組／黃雅鈴
綜合業務組／何欣穎

發　行　人／江媛珍
法律顧問／第一國際法律事務所 余淑杏律師・北辰著作權事務所 蕭雄淋律師
出　　版／台灣廣廈
發　　行／台灣廣廈有聲圖書有限公司
　　　　　地址：新北市235中和區中山路二段359巷7號2樓
　　　　　電話：（886）2-2225-5777・傳真：（886）2-2225-8052

代理印務・全球總經銷／知遠文化事業有限公司
　　　　　地址：新北市222深坑區北深路三段155巷25號5樓
　　　　　電話：（886）2-2664-8800・傳真：（886）2-2664-8801
郵 政 劃 撥／劃撥帳號：18836722
　　　　　劃撥戶名：知遠文化事業有限公司（※單次購書金額未達1000元，請另付70元郵資。）

■出版日期：2022年05月
ISBN：978-986-130-541-7

版權所有，未經同意不得重製、轉載、翻印。

슈라즈 쇼트케이크
Copyright ©2021 by Park jihyun
All rights reserved.
Original Korean edition published by iCox, Inc.
Chinese(complex) Translation Copyright ©2022 by Taiwan Mansion Publishing Co., Ltd.
Chinese(complex) Translation rights arranged with iCox, Inc.
through M.J. Agency, in Taipei.